U0270777

我的第一本科学漫画书

儿童百问百答 31

实验与观察

图书在版编目（CIP）数据

实验与观察 /（韩）权燦好著；佟晓莉译．
–南昌：二十一世纪出版社，2014.7（2018.8 重印）
（我的第一本科学漫画书．儿童百问百答）
ISBN 978-7-5391-9663-3-01

Ⅰ．①实… Ⅱ．①权… ②佟… Ⅲ．①科学实验–儿童读物
Ⅳ．① N33-49

中国版本图书馆 CIP 数据核字 (2014) 第 108859 号

퀴즈! 과학상식 : 실험 관찰
Copyright © 2011 by Glsongi
Simplified Chinese translation copyright © 2014 by 21st Century Publishing House
This Simplified Chinese translation copyright arranged with Glsongi Publishing Company
through Carrot Korea Agency, Seoul, KOREA
All rights reserved.

版权合同登记号 14-2011-642

我的第一本科学漫画书
儿童百问百答 · 实验与观察 ［韩］权燦好 / 文图 佟晓莉 / 译

责任编辑 屈报春
美术编辑 陈思达
出版发行 二十一世纪出版社
（江西省南昌市子安路 75 号 330009）
www.21cccc.com cc21@163.com
出 版 人 张秋林
承 印 南昌市印刷十二厂有限公司
开 本 720mm × 960mm 1/16
印 张 12.75
版 次 2014 年 7 月第 1 版
印 次 2018 年 8 月第 14 次印刷
书 号 ISBN 978-7-5391-9663-3-01
定 价 30.00 元

赣版权登字 -04-2014-316
版权所有 · 侵权必究
（凡购本社图书，如有缺页、倒页、脱页，由发行公司负责退换。服务热线：0791-86512056）

我的第一本科学漫画书

儿童百问百答 31

[韩]权灿好/文图　　佟晓莉/译

前不久一项调查结果显示，促进国家发展的头等功臣正是科学家们。作为一名科学教育者，听到这个消息我真是又高兴又欣慰！我在学校教科学这门学科的过程中，发现对科学充满兴趣的小学生大有人在，人数远远超出了我的想象，而我除了希望能满足他们对科学的好奇心之外，更想让他们了解科学的重要性及乐趣所在，使他们掌握丰富的科学常识，这一切皆因我衷心期望能成为他们的领路人，帮助他们将来成长为祖国发展的优秀人才。

只可惜四十分钟的课堂时间几乎全用于讲解教材内容了，想延伸传授一些相关的科学内容或教材以外的科学知识谈何容易！在这种遗憾的心情中，我接到了小葡萄出版社的邀请，委托我担任《儿童百问百答·实验与观察》这本书的审定员，于是我欣然畅快地应允了。本书以漫画形式讲解科学实验，孩子们更容易理解，实验材料和工具在我们生活中也很常见，实验内容既有趣又神奇，不仅可以让喜欢科学的孩子拓宽知识面，还能让原本对科学不感兴趣的孩子喜欢上科学。希望小朋友们通过这本书掌握更多的科学常识，将来成长为祖国新一代的科学栋梁之才。

小学科学信息中心研究委员、小学科学教师　李诛训科学是认知世界的工具，许多人类很久以前无法挑战的自然现象，到如今已经成为我们必备的基础常识，这就是科学发展的力量。如果没有历史上那些伟大的科学家们，恐怕今天的我们依然和原始人一样过着原始生活吧。因为科学是随着好奇心从“为什么”这个问题开始的，所以如果我们对这个世界不存在好奇心，科学就无法取得突飞猛进的发展。

正所谓“知识决定感知，感知决定见识”，如果我们认真了解那些平日里被我们无心错过的东西，或许就会产生兴趣。

相比成年人，儿童的好奇心更重，因此更容易对某事感兴趣，但是一旦他们发现感兴趣的对象比想象中更难，立刻就会觉得索然无味。这本书正是针对儿童的这个特点，采取轻松有趣的阅读方式持续地吸引孩子们的兴趣。书中调皮可爱的小主人公们引发的件件趣事，让小朋友们在捧腹大笑的同时，不知不觉地掌握了丰富的科学常识，希望各位小朋友以这些常识为跳板，进入更广阔的科学世界。

小葡萄出版社　编辑部

1 神奇的科学实验

2 有趣的科学观察

出场人物

小 虎

充满好奇心的小淘气包，常因为稀奇古怪的念头惹麻烦。自诩为超级美少年，偶尔会对镜感叹一番。

阿 呆

小虎经不住售货员软磨硬泡买回家的二手机器人。最爱吃电池，并且总是惹麻烦。

阿 聪

坐时光机旅行时，由于机器出故障而意外入住小虎家的未来世界少年，总被小伙伴捉弄，科学常识丰富，常常帮助小伙伴。

1 神奇的科学实验

没有锅能不能煮泡面?

嘻嘻，sorry，
刚才开始肚子
就一直不舒服。
噗
呜，

出来郊游这么
开心，你非要
搞砸气氛吗？
呃……

幸好景色不错！
就在这儿吃午饭吧！
今天要吃
热乎乎、
香喷喷的
泡面嘞！

哎呀！
怎么会这样？

好像把
锅忘家
里了！
那咱们现在
怎么办？难道
就这么饿着
不成？
呜呜！

有什么好哭的，阿聪！
没有锅照样能煮出香喷
喷、热乎乎的泡面呀！
咕咚
咕咚

瞧！用喝光牛奶的空纸盒就可以煮泡面！
啧
啧

瞎说啥呢?！这不是容易燃烧的纸吗?
嘿嘿！先往纸盒里倒些水看看吧！

瞧见没?水烧开了吧?
哇噻！
太不可思议了，纸居然没被烧着耶！小虎，你啥时候学的魔术呀?
牛奶
500ml

秘密就在于沸点和燃点（即物质在空气中加热时，开始并继续燃烧的最低温度），水到100℃时开始沸腾。
咕嘟
咕嘟

纸的燃点可比水的沸点高多了，有好几百度呢，纸的原料也就是木材的燃点大约240℃~270℃。
哦！是吗？也就是说，当煮泡面的水沸腾时即100℃的温度下纸也烧不着，对吧?

真是太让人惊讶了！简直就是科学魔术呀！
OK，这下可以煮泡面了吗?

·物体的燃点·

将物质在空气中加热时会产生燃烧现象，开始燃烧的最低温度称为“燃点”。纸的燃点与木材类似，在240℃ ~270℃。纸盒加热时，是水吸收了加在纸盒上的热量，因此纸的温度没有上升至燃点。另外，物体与空气中的氧气产生反应自行开始燃烧的最低温度称为“着火点”，木材的着火点大约是400℃。

鸡蛋能浮上水面吗?

欢迎在世界魔术大赛中
摘取桂冠刚刚归国的魔术师
小虎为我们带来魔力
四射的表演!

好!现在为大家表演神秘的
魔术!让我们来看看下沉的
鸡蛋是怎样一点点
浮上来的吧!

天灵灵
地灵灵!
神秘的精灵
快显灵!
簌
簌

簌 簌
哇噻!鸡蛋
真的浮上来
了耶!

哟嗬!好
神奇啊!
到底是怎么
回事?

就是利用密度差啰。
密度就是某种物质的质
量和其体积的比值,因
为鸡蛋的密度大于水的
密度,所以鸡蛋自然
会沉到水下面。

·比水浮力大的盐水·

浮力是指物体在流体中上下表面所受的压力差，密度越大浮力越大。因为盐水的密度大于水的密度，因此盐水的浮力大于水的浮力。我们的祖先制作酱油或腌泡菜时，常通过鸡蛋等物体是否上浮来判断盐水的浓度。

鸡蛋能进到窄口瓶里吗？

陛下！听说这几晚蛋妖总出来祸害百姓！

唉……难道就没人能制服那妖怪了吗？
呜呜……

陛下！若能给微臣准备一个大玻璃瓶，今晚微臣就能把蛋妖缉拿归案！
哦？此话当真？

爱卿若真能捉住那蛋妖，朕就把公主许配给你！
羞死人了啦……
哇！那微臣现在就去捉妖了！

啊呜

偷偷
摸摸
俺可是修炼千年的蛋妖！怎样？怪吓人的吧？

今天用啥方法捉弄人呢？

咦？
这是啥东东？
噼啪
噼啪

晃晃
悠悠
哇噻！是俺最喜欢的甜甜圈耶！

噗
陷进去
嘿嘿，看起来好好吃哦！现在就想吃！

啊呀！
蹭蹭
咋……咋回事儿？为什么甜甜圈一直往上升？

咻
溜
哎哟，妈呀！俺怎么陷进瓶子里啦？！

嗖
嘿嘿
哈哈！终于捉住蛋妖啦！阿聪万岁！
怎么会这样？

干得好啊！爱卿是如何把蛋妖关进瓶子里去的呀？
欢欣
鼓舞
太棒了！
大喜事啊！

微臣还是直接演示给陛下看吧！

先把点燃的火柴放玻璃瓶里。
然后呢，我需要一个煮鸡蛋……
东张西望

陛下，微臣可以先借用下那个蛋吗？
行啊。

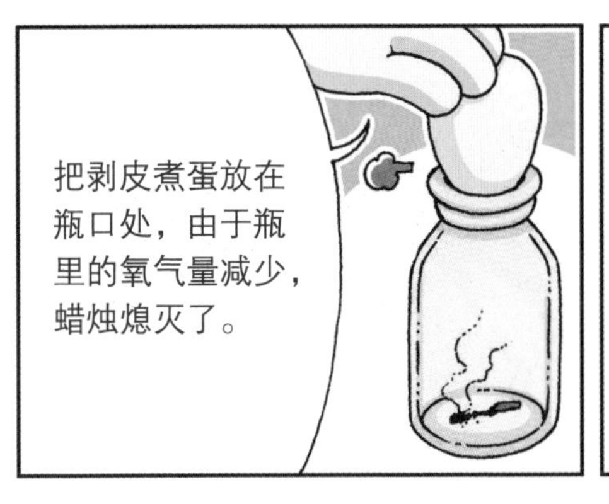

·推动鸡蛋的空气之力·

燃烧的火柴使玻璃瓶里温度升高，空气流动加快，体积膨胀。氧气耗光火柴熄灭，温度下降，瓶内的空气体积缩小，这时瓶内的气压比瓶外气压低，根据空气总是由高压流向低压的性质，外部空气的力量促使鸡蛋落入瓶中。

用食醋写信会怎么样？

少年侦探小虎

噜啦啦啦！
新出炉的乌拉拉奶油面包耶！
这就回家吃去咯！

乖乖把奶油面包交出来！
嗖
哎呀！你……你是谁？

抱歉！俺也是饿了三天，实在没法子！
呜呜……
哒哒哒
沙沙沙沙

结果兔子晕过去被送往医院，只留下这张纸……
为什么留下张白纸呢？

唯一目击证人粉粉兔
哦？不对啊，我从远处明明看见兔子在写什么呀……
灵光乍现

·食醋中柠檬酸的秘密·

食醋或柠檬汁中均含有柠檬酸，当柠檬酸沾到纸上时，会夺取相应部位的水分使之脱水，因此该部位干燥得较快。用棉签蘸适量食醋或柠檬汁往纸上写字然后加热纸片，纸上附着的酸性物质使纸纤维加速炭化，从而使字变成了黄褐色，于是字便显露出来了。

不用手能取出豌豆吗?

当当当！下面世界级魔术大师小虎将为您奉上第二场魔术表演！
敬请期待！首映即将开始！
哇！

看见杯子里装满了豌豆对吧？那么有没有办法不动手就能让豌豆自己出来呢？

像这样用脚踢不就行了！
啪
哗啦啦

不许用手，更不许用脚！
那好像不太可能吧……

嘿嘿！对于魔术大师小虎来说没什么不可能！先往装满豌豆的杯子里加满水……
哗哗

OK，过一个礼拜再来我家吧！到时候我再给你表演豌豆魔术！
这魔术时间还真长啊！

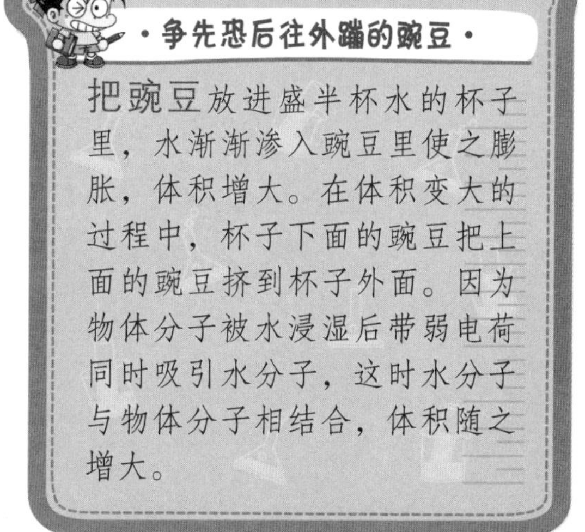

·争先恐后往外蹦的豌豆·

把豌豆放进盛半杯水的杯子里，水渐渐渗入豌豆里使之膨胀，体积增大。在体积变大的过程中，杯子下面的豌豆把上面的豌豆挤到杯子外面。因为物体分子被水浸湿后带弱电荷同时吸引水分子，这时水分子与物体分子相结合，体积随之增大。

气球能自己变大吗?

呼呼
呼呼
呼呼
呼

哎哟！吹得俺腮帮子生疼气球也没鼓起来！这气球肯定是残次品！
嘿嘿！

啧啧，干吗费劲儿用嘴吹呀？我有办法让气球自己变大哟。
啥办法？

这是个只要有小苏打和食用醋就能进行的简单实验，这两样东西在家里都很容易找到哦。
小苏打

先往空瓶子
里倒一些
苏打粉。

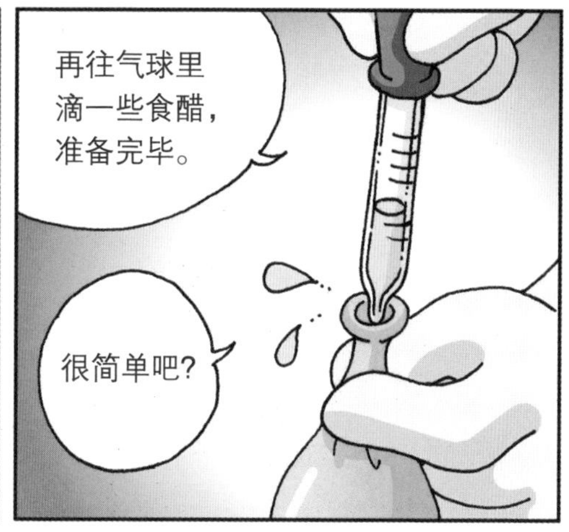
再往气球里
滴一些食醋，
准备完毕。
很简单吧？

现在把气球嘴
儿套紧瓶口，
让食醋滴落到
瓶子里。
滴答
滴答

嗖嗖
嗖
哇噻！

气球居然自己
变大了耶！
哇
哇噢
哇噻
这家伙也
太夸张了吧。

瓶里的苏打粉与食
醋产生了化学反应，

生成的二氧化碳
让气球鼓起来了。
喔！

二氧化碳在我们周围随处
可见，比如可口可乐里就
含有二氧化碳，干冰也是
二氧化碳经过加压降温制
成的。
喝可乐时那种麻酥
酥的感觉就是因为
二氧化碳，对吧？
干冰
冰淇淋

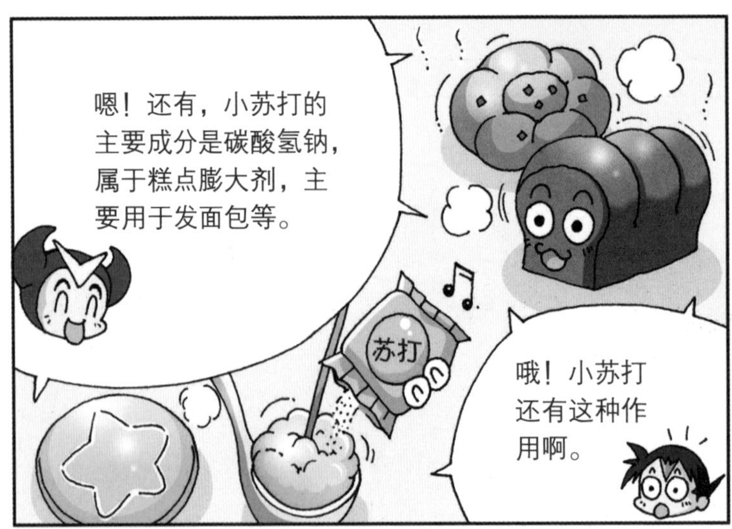
嗯！还有，小苏打的
主要成分是碳酸氢钠，
属于糕点膨大剂，主
要用于发面包等。
苏打
哦！小苏打
还有这种作
用啊。

嘿嘿，那我就
用小苏打……

·生成新物质的化学反应·

一种物质与另一种物质相结合，生成另外一种新物质的过程称为化学反应。酸性食醋与碱性小苏打（碳酸氢钠）混合后发生化学反应，生成二氧化碳使气球鼓起来。我们周围二氧化碳随处可见，例如往杯里倒碳酸饮料时产生的气泡里就含有二氧化碳。

可以自己在家制作汽水吗？

* 韩币120元约合人民币7毛钱。

要想制作出美味可口的汽水，首先需要准备好凉水、柠檬酸、小苏打还有冰块儿。
小苏打
保鲜膜
茶匙
柠檬汁

把凉水倒进杯子里，放两茶匙砂糖，喜欢甜的也可以多放点儿糖哟。

再放 1/3 勺苏打粉搅拌均匀。
搅拌
苏打

然后再加冰块和 1/2 勺柠檬酸，快速搅均匀。
柠檬酸
当啷啷

要想和外面卖的汽水一个味道，最好再倒入适量柠檬汁。
可可当

最后快速盖上保鲜膜，等待大约一分钟……

哗啦啦
咕嘟
咕嘟
咕嘟……
哎呀！

杯子里怎么产生了这么多的气泡！真的和汽水一样耶！
因为有酸味的柠檬酸溶于水后生成酸性溶液了呗。
呵呵

酸性溶液和碳酸氢钠即小苏打溶液混合后产生了二氧化碳气体。
咻溜
哇噢，看样子味道不错呀！

呃啊，味道怎么这么奇怪？
是不是掉进啥脏东西了？
哗！
不可能！

各种原料按比例混合才能做出好喝的汽水嘛！来！尝尝俺做的汽水怎么样？
怎么都觉得不放心……

哇噻，想不到这么好喝！
拜托再做一些吧，阿呆！
嗯，柠檬酸、小苏打、柠檬汁、水搅拌均匀后……

·酸性与碱性混合·

酸性柠檬酸和碱性小苏打混合后产生二氧化碳气泡，制作汽水时杯子上罩一层膜就是为了防止二氧化碳挥发。二氧化碳溶于水制成的碳酸饮料，具有弱酸性，口感爽口刺激，打开碳酸饮料那一瞬间听到的“刺啦”声，其实就是二氧化碳瞬间释放出来时所发出的声音。

玻璃瓶里会喷发熔岩吗？

大奖
嘿嘿……

吭哧……

哎哟，画张画怎么花了这么长时间啊？
呜呜！本来人家就讨厌画画嘛！
痛哭

这就是画画用的颜料啊！真好玩儿！
滋喇

刚买没多久就被你给糟蹋了！
嗖
嗖
呼哧
呼哧
呃啊……阿聪现在很危险！

对不起啦！作为补偿，我给你做个熔岩喷发的神奇实验吧！
冷不丁儿做哪门子实验？

先往玻璃瓶里加 70% 热水，再放一些小珠子和小石子之类的小玩意儿。
咚

放那些东西干吗？
嘿嘿，因为要把玻璃瓶放到水里呀，那样玻璃瓶就不会浮起来了。

OK，现在往玻璃瓶里挤一些红色颜料。
哎哟……我的颜料！
哧溜

把玻璃瓶快速放进提前盛满冷水的大容器里，准备完毕！
这怎么能喷出熔岩呢？
咕咚

咕
嘟
咕
嘟

哇噢！颜料真的像熔岩一样喷发了耶！
怎么会这样？！

当物体温度上升时体积也随之增大，简单说就是变轻了。把装满热水的瓶子放进冷水里，冷水与热水混合的过程中，热水上升到冷水上面。
哦！原来是这样啊！

现在给整理一下吧，阿呆。
嗯！知道了。

哎哟妈呀！
哗啦

手抓脚踢
不管不管！你赔你赔！
本来就没画什么嘛。

·分子移动形成的熔岩·

分子是构成物质的一种基本粒子即最小单位，组成液体的分子温度越高越活跃，体积越膨胀，即同一物质温度高则重量轻，所以冷水和热水混合后，冷水在下，热水在上。

柠檬能使灯泡发亮吗？

真的能吗？

嘿嘿，这只猴子很可爱吧？一位爷爷让俺拿面包跟他换的！
吱吱
吱吱
嘎

你好啊！Mr.Monkey！以后好好相处吧！
哎呀！怎么是猴子？！我最讨厌猴子了！
吱吱！

哎哟妈呀！
咚
嘎吱！

立刻把这只泼猴给我还回去！
那位爷爷应该已经走远了吧！
吱吱吱！

爷爷说只要晚上不熄灯，夜里 12 点后不给它喂牛奶就啥事儿都没有！

那要是晚上熄灯，夜里 12 点后给它喂牛奶会怎么样？

说会发生很可怕的事！
轰
那还不立马给我还回去！
呃啊！

啪
糟糕！停电了！

哎哟！大事不好了！不是说不能熄灯的嘛……
吱吱
在发生可怕的事情以前赶紧开灯啊！

可是手电筒在哪儿我不知道啊！
吱吱
磕磕
巴巴
完了完了！蜡烛也全用光了！

有了！白天不是做柠檬电池了嘛！就用这个点灯吧！
搞什么啊！柠檬不是可以吃的水果吗？

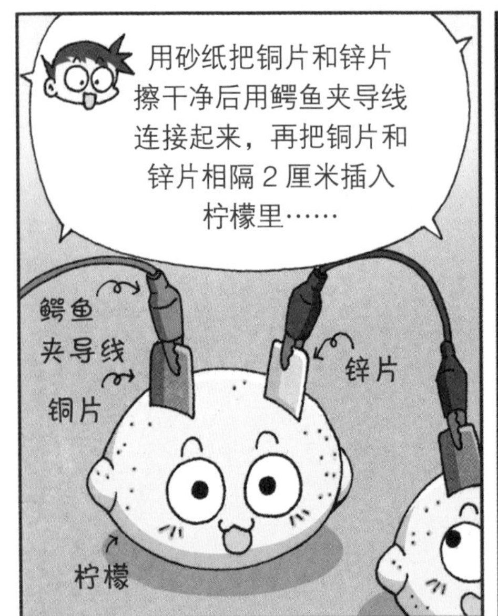

用砂纸把铜片和锌片擦干净后用鳄鱼夹导线连接起来，再把铜片和锌片相隔 2 厘米插入柠檬里……
鳄鱼夹导线
铜片
锌片
柠檬

就像这样把铜片和锌片分别插进几个柠檬里，然后把最两端的导线连接到一个发光二极管灯泡的正负极上，灯泡就会亮了。
当当
发光二极管灯泡
哇噻！好神奇啊！

猴……猴子！俺们这就开灯，你千万别激动啊！
吱吱
我心里咋这么不安呢？

·用水果制造的电能·

把铜片和锌片插进柠檬里，锌片产生的电子流向铜片，产生电流，柠檬的作用是加速锌片电子转移。此外，利用橙子、苹果、香蕉等也可以制造电流，只是电流很弱，所以增加水果数量把它们串联起来，或者用电压低的发光二极管代替灯泡可以取得更好的效果。

10 Quiz

针可以浮在水面上吗?

什么？太过分了！
这么瞧不起我……
恨死阿聪了！
哎呀！
小虎……

对不起嘛，你还是有可能考第一的，就像针浮在水面上那样……

真的吗？可是铁做的针怎么会浮在水面上呢？
这……
这个……
戳

骨碌碌

我看你是到最后都在耍我玩啊！
哎哟
等一下！
冷静！

存心让它掉下去不掉下去才怪呢！要想让针浮在水面上得做些准备才行！
呼
呼

首先把杯子加满水，往上面放一个比针略宽的小纸条，

再把针轻轻地放在纸条上。
轻轻

然后用铅笔尖小心翼翼地拨开纸条……
漂浮
哎呀！针真的浮在水面上了耶！

哇，好神奇哦，针怎么会浮在水面上呢?
因为表面张力呀！表面张力是指液体表层由于分子引力不均衡而产生的力，因为表面张力水面生成了一层薄膜。

谢谢你啦，阿聪！这下我知道该怎么办了！
突然

轻轻
哇！原来学习这么有意思啊！
这样下去真能得第一了吧！
不安
焦躁

水面形成的薄膜——表面张力·

表面张力，是指液体表层由于分子引力不均衡而产生的沿表面作用于任一界线上的张力。因为表面张力，水分子互相牵引形成了一层薄膜，露珠凝结在叶片上、水黾行走在沼泽水面上，都是具有代表性的水的表面张力现象。

水里能自动产生球吗？

……
可爱

哇哇大哭
还我球嘛！

东东你干吗哭呀？
狗狗把我的球……

给抢跑了！
哼！这还了得？
汪汪
咯吱、咯吱

你这癞皮狗！找揍是不是？
吓一跳

喀嚓
汪
汪
开……开个玩笑而已！它不会真咬吧？
呜呜！小虎哥笨死了！

火辣辣

呜呜
那是爸爸夸我乖给我买的球……
乖巧
东东别哭了，小虎哥给你现做个球好不好？
怎么做？

首先往一个透明容器里倒一半酒精，
哗啦

然后再倒一勺食用油和油性颜料的混合物。
淅淅沥沥

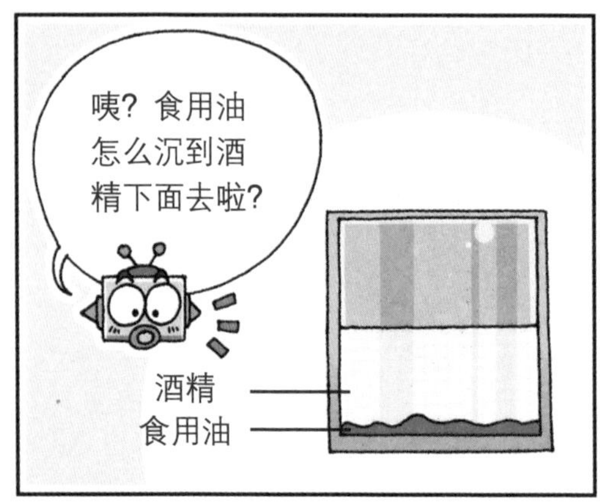

咦？食用油怎么沉到酒精下面去啦？
酒精
食用油

因为食用油的密度比酒精大所以会沉下去。
哗啦
现在往容器里倒一点水……

食用油慢慢聚拢到一起并逐渐上升，
酒精
水
食用油

食用油继续慢慢聚拢成圆球形。
哇噻！
当当！

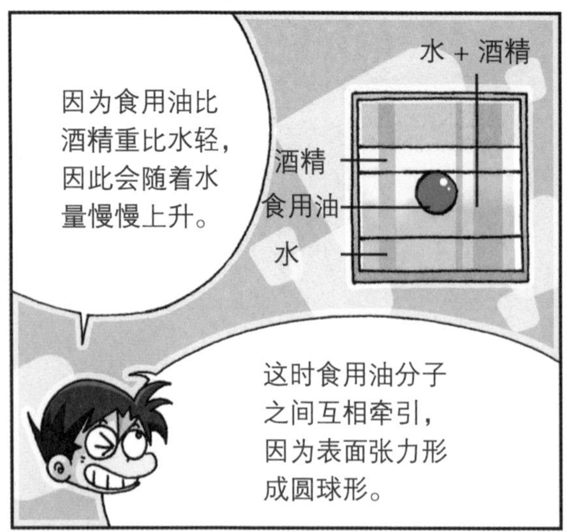

因为食用油比酒精重比水轻，因此会随着水量慢慢上升。
水 + 酒精
酒精
食用油
水
这时食用油分子之间互相牵引，因为表面张力形成圆球形。

汪汪
那个球也是我的！
哎呀！那条狗又来了！

·表面积最小的球形·

食用油聚拢到一起，是因为液体之间相互牵引的表面张力会使它的表面积尽可能缩小到最小值，而为什么会形成圆球形呢？因为在体积一定的条件下，球形的表面积最小。另外，食用油之所以浮在容器中间，是因为食用油的密度比水低而比酒精高。

鸡蛋壳能自动消失吗？

可爱

嘿嘿，俺是不是看起来只是一枚普通鸡蛋?

嘎嘎
其实俺是修炼千年的鸡蛋妖怪！
只要再过三天，俺就会复活变成无比恐怖的蛋妖了！

往装有食醋的玻璃瓶里放一个鸡蛋观察几天。
嗯。
咚
搞……搞什么啊？！

哎呀！小虎，蛋壳表面产生小气泡了。
咕嘟
?
咕嘟
嗯，因为酸性食醋与鸡蛋壳中的碳酸钙发生了化学反应，食醋正在溶解鸡蛋壳呢。

·溶解鸡蛋壳的酸性·

往装有食醋的杯子里放入鸡蛋，2~3天后取出，会发现鸡蛋坚硬的外壳已被溶解，只剩下柔软的半透明的细胞膜。把蛋壳溶解的鸡蛋放在灯下仔细观察，还能看到蛋白里的蛋黄。蛋壳主要成分是碳酸钙，因为易溶于酸性，所以容易被酸性食醋溶解。

铁丝怎样穿过冰块？

阿聪帅哥！给俺也来一口可乐嘛！
才不呢。
咻溜

切！白叫他帅哥了！
哼
呸！也不怎么爽口嘛。

把饮料瓶这么改造一下再冷冻上，饮料就会变得冰凉爽口哟！
冰块
铁丝
勺子
可是就算不弄成那样也会冻凉的呀。

第二天
啊，真是渴死了！要不要来口冰镇可乐？

凭什么喝我的可乐？
胡说什么呢！这是我的可乐好不好！

瞧！你的可乐是铁丝在冰块上面，而这个是铁丝在冰块下面！
真是这样耶……

·铁丝穿冰块·

铁丝下面挂上重重的勺子再套在冰块上，过一段时间会发现与铁丝接触的冰块局部融化，细铁丝穿过冰块而不留切口。在滑冰场上滑冰也是同样的道理，刀刃下的冰融化成一薄层的水，分布在冰鞋刀刃与冰面之间，起润滑作用，使人可以自由滑冰。

泥水能变成清水吗？

被困无人岛
第三天
火辣辣
火辣辣

呼哧……
看来今天也
不会下雨了。
渴死了……
一扭
一扭

要是能来杯加冰
可乐或冰镇橙汁
就好了……
闭嘴吧你！
越说我越
渴了！
呜呜

唉！管不了
那么多了！
?

再也忍不下
去了！就算是泥水
也无所谓了！
不行啊！
咊溜咊溜

啊呸！
这味儿
太可怕
了！

谁叫你喝泥水来
着！万一拉肚子
就完蛋了……
人家实在渴得
不行了嘛。

要是有净水器
把水过滤干净
就好了……
啧
啧
!

对了，我来之前抄好便
携式净水器的制作方法了，
为了应付紧急情况嘛，
嘿嘿！
净水器
哐
当

你怎么现在
才说这个？
哎哟！
我不是
忘了嘛！

剪去 PET 瓶的瓶底，把瓶子倒过来。
嗯，剪完了。

用棉花或手纸塞住瓶口，按照图示放入各样东西。
粗石
沙子
木炭碎末
沙子
小碎石
棉花或手纸、纱布

其他东西倒还好办，就是到哪儿弄木炭碎末呀？
哇哈哈！

为了以防万一俺早有准备！
你带那个来干吗？
那这三天咱们不是白遭这个罪了吗？

OK，现在把泥水倒进咱们制作的净水器里看看！
真的能出来可以喝的干净的水吗？
满心期待
哗哗

滴答
哇噻！真的出清水了耶！

啊啊！水怎么这么好喝呀！
呜呜！早做这个就好了！
爽！

·净水器里的科学·

便携式净水器里的碎石和沙子能过滤大大小小的异物，而木炭碎末可以过滤掉沙子未能过滤的细微杂质。木炭作为吸附剂具有良好的吸附作用，同时还有祛除异味、除湿等作用。所以在户外缺水的情况下，可以这样来净水。

15 Quiz

热气球怎样飞上天？

痛哭
流涕
整天使唤俺打杂跑腿，好不容易才吃顿饺子……

就是嘛，拿吃的说事儿也太没劲了！俺每次吃饭也没少受他白眼！
哼哼
谁叫你每顿非吃两碗来着……

总之我必须逃离这里！实在没法儿再待下去了！
可是怎么从这里逃出去啊？又不能像鸟儿那样飞出去……

噗哈哈！造一个可以飞上天的热气球不就行了？！
小虎号
真的?

可是热气球怎么才能飞上天呢?
连那个都不知道还吹牛?
汗

把一个口袋的开口朝下，用吹风机对准开口往里吹热气。
嗡嗡

好！打今儿起我要背着师傅偷偷制造热气球啦！小猪你也会跟我一起逃吧？你可不能无耻地置身事外啊！

我还是留在这儿好了……

好害怕呀。

·热气球升空原理·

热气球通过机载加热器加热气囊中的空气，空气受热后其分子活动更加活跃，当空气受热膨胀后，体积增大，比重变轻而向上升起。那些悬在空中用于广告宣传的气球，正是因为内部填充了比空气轻的氦气的缘故。

用紫甘蓝可以制作PH试纸吗?

首先把深紫色
的紫甘蓝切成
小碎块。
小心刀哦！

再把紫甘蓝碎块
放进锅里煮大约
十分钟，直到水
的颜色变紫。
咕嘟咕嘟
开关燃气时
必须请大人
帮忙哟！

用过滤器把碎渣过
滤掉，留下紫色的
紫甘蓝水晾凉备用。
哇噻，
好漂亮的
颜色啊！
哗

把厨房用纸巾剪成
小细条后完全浸泡
在紫甘蓝水中，稍
后捞出阴干。

嘻嘻
PH 试纸
是干吗用
的啊？

嘿嘿，我就是
邪恶的恶魔玩
偶小妖精！
咯
咯

把制作好的试纸一端放进装有食醋的杯子里……
哇！试纸变红了耶！
渐变

那么这次放进小苏打溶液中会怎么样呢？
试纸变蓝了！

紫甘蓝 PH 试纸放进酸性的食醋中会变红，而放进碱性的小苏打溶液中会变蓝。
也就是说用试纸就可以测试出是酸性还是碱性啰？

今天晚上就附到小虎身体里，哼哼，再也不想做该死的玩偶了！
嘎嘎

轰隆隆
阿呆！

洗手间
洗手间没纸啦！
喀嚓

啧啧，做啥事都毫无准备的家伙，俺还是先用小孩最害怕的鬼故事吓晕他们再说！
嗖
试纸

·最具代表性的指示剂——石蕊·

指示剂是检验液体酸碱性的溶液。石蕊是从地衣植物中提取得到的蓝色色素，能部分溶于水而显紫色，是一种常用的酸碱指示剂。用这个制成的石蕊试纸是最常用的试纸，有红色石蕊试纸和蓝色石蕊试纸两种，碱性溶液使红色试纸变蓝，酸性溶液使蓝色试纸变红。

17 Quiz

黑色签字笔的笔油里竟然还有黄色？

·分离混合物的色谱法·

黑色签字笔的笔油是蓝色、黄色、红色等多种化学色素的混合物，其中含溶于水的物质的颜色被滤纸迅速吸收并上升，含不溶于水的物质的颜色上升后静止，由此分离出签字笔笔油的各种颜色，像这样分离混合物的方法叫色谱法。

怎样把混在一起的盐和胡椒粉分开?

你可真是闲得
厉害！还不过来
帮忙做饭！
怒吼
真气人！

哎呀！这可咋办……
盐和胡椒粉都搅合在
一块儿了！
要是让
妈妈知道麻烦
可就大了！

啧啧，就这么
点事儿还值得
大惊小怪的？
生气

先用毛衣用力摩
擦小塑料羹匙，
摩擦
摩擦

再把小塑料匙慢
慢靠近调料堆，
缓慢

唰唰唰

咦？胡椒粉怎么都跳起来黏到小塑料匙上啦？
喔喔

因为通过摩擦塑料匙产生了静电，所以比盐轻的胡椒粉被吸了上去，现在把这个单独放到其他地方吧。
哇

这次咱们把 PET 瓶底部穿几个洞，倒一些水后把瓶子拿起来……
就像这样？
哗啦啦

把用毛衣摩擦过的小塑料勺靠近小水柱……
慢慢

小勺往哪儿移水柱就跟着往哪儿移！
嗖
嘿嘿！

这也是一个道理，用毛衣摩擦过的小勺产生静电后吸引了水柱。
哦！
点头
点头

·神奇的静电现象·

牙刷、衣服等所有物体都由原子组成，而原子又是由带正电的原子核（+）以及带负电的核外电子（−）组成。通常情况下不带电的物体通过摩擦会产生静电，比如冬天摸门把手或换衣服时经常有被电到的感觉，这就是人体轻微触电的表现，头发竖起来也是静电现象。

能在自己家里制作灭火器吗？

现在好像不是担心
别人家的时候吧，
咱家还没有呢。
哎呀！你
说的没错！

那咱们就
亲手制作
一个吧！
亲手制作
灭火器？
噢耶！

任何物体燃烧
都需要氧气。
所以说简易灭火
器只要能喷出二
氧化碳隔绝氧气
就可以灭火啦。

先往空瓶里倒
1/3 食醋……
哗
啦
啦
小苏打

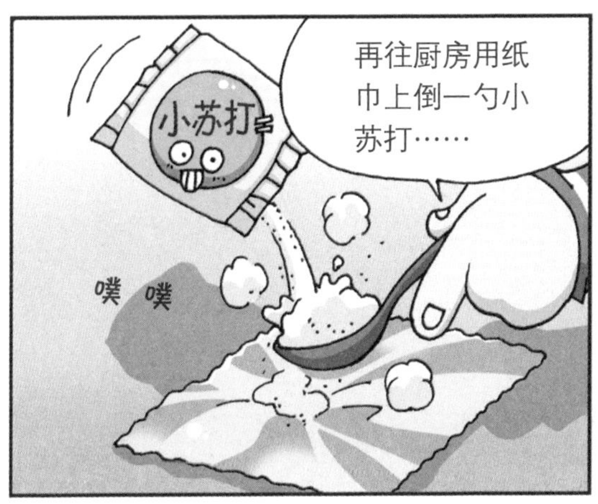
小苏打
再往厨房用纸
巾上倒一勺小
苏打……
噗 噗

然后像这样把
纸巾打个结儿。
漂亮！

把小苏打袋子固定在瓶口，后面放一个可弯曲的吸管。
用胶带固定！

接着用橡皮泥封住瓶口。
密封严实

嚯哈哈！简易灭火器大功告成！
这能行吗……
那是啥玩意儿？

轰
着火啦！
不好了！隔壁着火了！
什么？

简易灭火器歪一些，让食醋浸湿小苏打袋子！
是这样吗？
呼
呼

对准着火的地方发射！
发射！
呲

·简单易制的灭火器·

任何物体燃烧都需要氧气，且温度要超过着火点。灭火器的作用就是阻碍氧气接近燃烧物。也就是通过二氧化碳阻止氧气接近以达到灭火的目的。灭火器分清水灭火器、泡沫灭火器、干粉灭火器和二氧化碳灭火器几大类。

铁罐能变成磁铁吗？

橙汁

我就是天下无敌的灌装橙汁！闪开！都给俺闪开！
橙汁
哎哟喂！

让我先过去！闪开！
啪
砰
哎哟！

罐装饮料！还不给我住手？
嗖
啥？你说啥？

嘿哈！
啪嗒
喂！你要干吗？

哎哟！
我的妈呀！
嗖
嘿嘿哈嘿！
哇噻！

呜呜！吓
死人了！
快把我放
下来吧！
你会跟
大家道
歉吧?
嚯哈哈！

哼！竟敢
这么对我……
等着瞧！
哇噻！
好酷哦！
啪
啪嗒
咬牙切齿

磁铁最
棒了！
啪嗒
嘿嘿，还以
为俺早就过
时了呢。
咔嗒
谢谢
你哟，
磁铁！
咔嗒
……

怎么回事吗?！回
形针和各种铁制
品怎么全都往那
家伙身上贴呀?
那是当然了！
因为它是磁
铁嘛！
这家伙
人气也
太旺了吧！

我也想跟
他一样受
欢迎呀！
是吗?那你
变成磁铁不
就行了！
橙汁
好羡慕哦，
唉！
啪

听说刚出炉的胖胖汉堡包味道不错呢……
给！这是100个胖胖汉堡包！快把我变成磁铁吧！
橙汁
哎哟哎哟
咻溜咻溜

好吧！看在你诚心诚意的分上，开始魔鬼训练吧！
是！
磁铁！
磁铁！

想成为结实的磁铁，就得有强健的体魄和毅力！
熊熊
妈呀！
太过分了……

12
15
27
31
11
嘿！
俺实在挺不住了！
这才哪儿到哪儿呀！
呼呼

你到底啥时候传授我变成磁铁的秘诀啊？

老实告诉我！其实你也不知道怎样变成磁铁对吧？
这么快就熬不住了？

· 想变成磁铁的铁 ·

用磁铁摩擦易拉罐底部银色部分时，注意不可以来回摩擦，应按同一个方向摩擦。摩擦一次产生磁性后，必须等磁性全部消失后再重新摩擦。用磁铁摩擦易拉罐和针时，原本内部杂乱排列的磁性因受外部磁铁吸引而排列整齐，所以表现出“有了磁性”。

彩纸屑会闻声起舞吗？

好漂亮的彩纸屑啊！
看仔细了！从现在开始彩纸屑要跳舞了哦！
彩纸屑
塑料罩
大容器

开跳！
翩翩
起舞
哎呀！彩纸屑真的跳舞了耶！

扩音器里传出的声音引起空气振荡产生声波。
声波传递到容器上引起塑料罩振动，所以纸屑看起来就像在跳舞一样。

哦，原来是这样啊，可是好像不光纸屑在跳舞哦。
?

·引起物体移动的声音振动·

声音是通过空气振动进行传播的，扬声器音量越大，振动强度就越大，同时还会带动周围空气跟着振动。所以把纸屑放在容器上时，声波传递到容器的塑料罩上引起彩纸屑移动，随着音乐音量大小、节奏快慢的变化，使彩纸屑看起来就像跳舞一样。

22 Quiz

玻璃杯能演奏音乐吗?

·随振动数而不同的声音·

敲击玻璃杯，玻璃杯在振动的同时发出声音。振动数（单位时间内振动的数量）决定声音的高低。振动数多发出高音，振动数少发出低音。杯子里的水越少，空间越大，振动数越少，发出的声音越低。

可以用木炭制作电池吗？

哼！

真甜哪……
啊呜！
真好吃的零食啊，好幸福呀！
……

哇哇，我也要零食嘛！饿死我了！
耍无赖
撒泼

可你是机器人呀！乱吃东西出故障可咋办？
切！我的零食不就是电池嘛！你没看说明书啊？

唉，你可真够
麻烦的，说吧，
这个塞哪里？

除了嘴巴还能
塞哪里？是零
食嘛！
喀嚓嚓

两个太少了！
再给我一些嘛！
家里的电池
不是都让你
吃光了吗？
耍无赖
不讲理

正好家里有木炭！
咱们就用这个制作
电池吧！
阿聪你又
在胡说什
么呢？

因为高温烧成的木炭
电阻很低，相比其他
物质电流更容易通过。

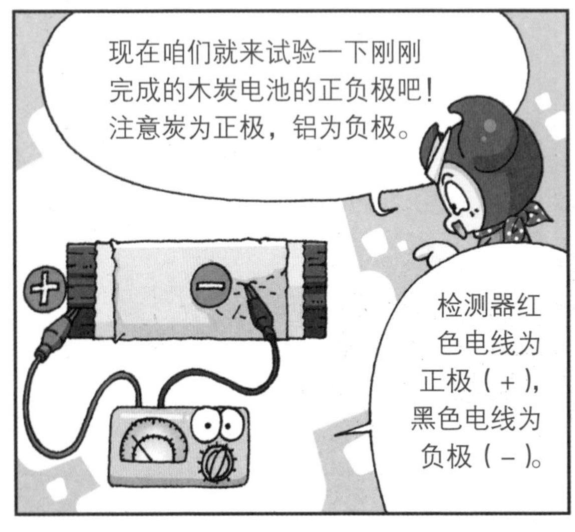

把小灯泡连接到木炭电池的两极上，可以确认是否有电流通过令小灯泡发光。如果把几个木炭电池串联起来或使用低压发光二极管，小灯泡更容易发光。

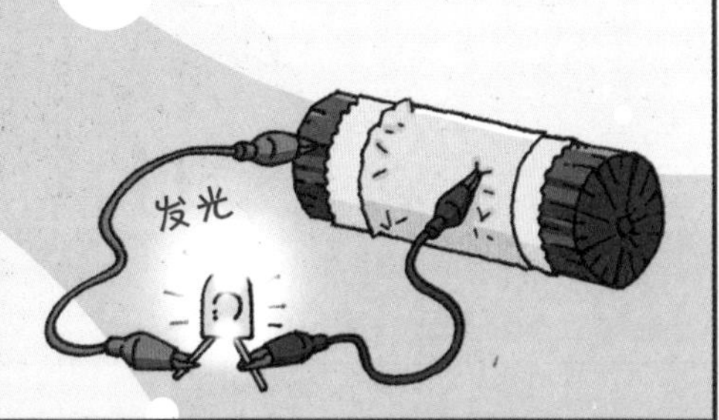

·导体和绝缘体·

像木炭这样电阻低，能让电流通过的善于导电的物体称导体，例如盐水、铝箔、银、铜等都属于导体，导体内部存在很多可以自由移动的电荷。与之相反，不善于导电的物体叫绝缘体，如塑料、玻璃、陶瓷等都属于绝缘体。

为什么汽车发动时身体后倾？

·随处可见的惯性·

车急速发动时身体向后仰，紧急停止时身体向前倾，这些现象都是因为惯性。惯性就是物体不受外界影响，尽量想保持原有状态的现象，乘坐电梯下楼时身体猛然一沉，跑步停止的一瞬间无法立刻停下来，总是不由自主地往前一小步，这些也是由于惯性使然。

25 Quiz

气球火箭为什么向前冲？

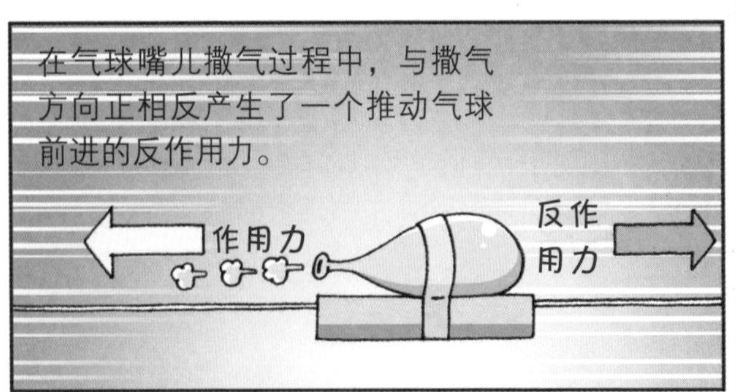

·作用力与反作用力·

作用力和反作用力是牛顿第三定律，即：两个物体之间的作用力和反作用力，总是在同一条直线上，大小相等，方向相反。火箭升空就是发动机通过喷射气体得到作用力，球落到地上又弹起来、划桨时船前进也是作用力与反作用力的现象。

两本书一页页对插后就很难分开了吗？

·使物体停止的摩擦力·

摩擦力是两个表面接触的物体相互运动时，在接触面上产生阻碍相对运动的力。把两本书逐页交叉一起后，由于接触面积增大了，摩擦力也随之增大，所以两本书才很难分开。圆球在光滑的玻璃板上滚动一会儿就会停下来也是因为摩擦力的缘故。

弹簧被拉伸后为什么又缩回去？

弹簧为什么会恢复原状？

发生形变的物体由于要恢复原状，对与它接触的物体产生力的作用，这种力叫作弹力。物体发生形变越大弹力越大，例如玩弹簧单高跷时，膝盖越弯曲跳得越高，但是，过度的变形反而会失去弹力，如果硬拽弹簧，弹簧将无法恢复原状。

有没有放进水里也不会湿的玩偶？

咦?

哎呀!
天哪!我怎么越变越小了?
嗖
嗖
嗖

是好吃的糖块儿耶!
那个可不能吃啊!
嚼

哎哟!不是叫你别吃那个嘛!
你吃的是让身体缩小的缩小胶囊!
呜呜!那我现在该怎么办哪?
满地打滚

快给我吃药哇!让我恢复原来大小的药!
生气
发怒

那……那个嘛……还正在研究中啊。
咕
咚

趁小猪变小咱们正好做个神奇的科学实验怎么样？先把小猪固定在塑料盖上。
搞什么呀？

小虎，不是决定用纸玩偶做那个实验了吗？
小猪别怕！你也会觉得很好玩的！
居然拿我做实验？！

往一个大容器里倒一些水，再用玻璃杯……
倒扣住小猪垂直放进水里。
那样我会被淹死的！

小猪别害怕哦！你绝不会被浸湿的。
噗叽
呜呜！我的妈呀！

咦？好神奇啊，水真的进不来呢。

一点都没湿呢！
哇噻
哇噻
因为杯子里的空气压住了水。

·在水里也不湿的原因·

用玻璃杯倒扣住玩偶，垂直地快速放进水里，玩偶为什么不会浸湿呢？因为玻璃杯里充满了空气的缘故。杯里的空气压住水的力，大于杯外的水要进来的力，因此杯外的水进不到杯子里。但如果杯子斜放进水里导致空气泄漏，那么杯外的水就会进到杯子里。

为什么坐过山车掉不下来?

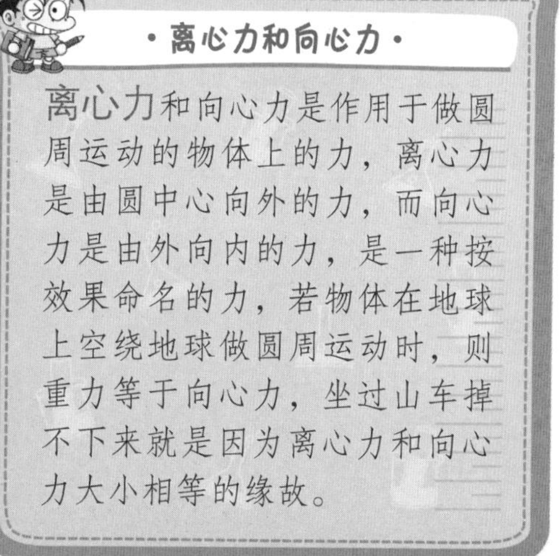

·离心力和向心力·

离心力和向心力是作用于做圆周运动的物体上的力，离心力是由圆中心向外的力，而向心力是由外向内的力，是一种按效果命名的力，若物体在地球上空绕地球做圆周运动时，则重力等于向心力，坐过山车掉不下来就是因为离心力和向心力大小相等的缘故。

纸能托住杯子吗？

轰隆
哗哗
雨越下越大了！
嗯，看来没法继续赶路了。

哎呀！那里有一个山洞！去那儿歇歇脚再走吧！
好啊！

怎么这么黑呀，带手电筒了吗？
哦，等一下……
咔嗒

咚

我的天哪！
哎哟妈呀！

呜呜！吓死人了！
你们是谁？
哎，我说……

你不是小鬼吗？该害怕的人好像不应该是你吧。
是……是吗？

呜呜！我才不管呢！我想赶快写完老师留的作业好快点回家！
其他小鬼们全都走了……
哇
哇
什么作业？

先往两个杯子上放一张纸，再往这张纸上放一个杯子。

往这么薄的纸上放杯子？简直在开玩笑嘛！
呜呜！
咕咚

噗哈哈！往平整的纸上放杯子当然不行啰！

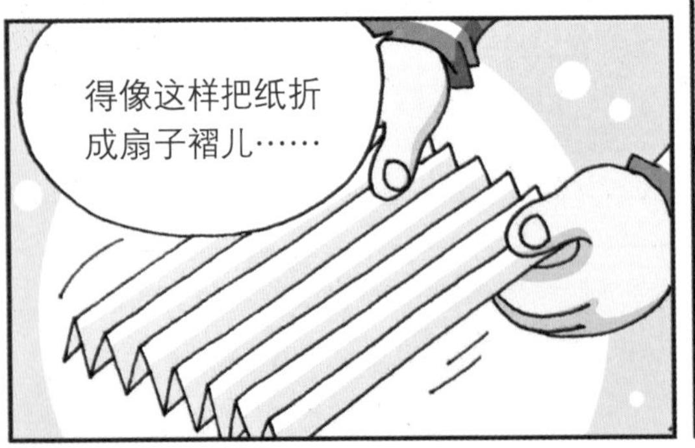
得像这样把纸折成扇子褶儿……

然后再把杯子放在上面，这样从上到下的压力被分散开，杯子就能稳稳当当的啦！
叮咚
哇！

哎呀！是飞机云耶！这下终于可以回家咯！
砰

谢谢啦，那我就拜拜咯！
难道你就这么走了？

不这么走怎么走？
不懂得感恩的家伙，哪怕意思一下再走也成啊！

可是我实在是身无分文哪……要不就给你这个？
谁稀罕那个！
慢吞吞

·力的分散·

虽然一张薄纸承受不住杯子的重量，但是如果把纸折成扇子褶儿，上面杯子的重量通过扇子褶儿分散到下面两个杯子上，这样纸上就能放稳杯子了。在几个纸杯上放一张厚板，人甚至可以站在厚板上面，这也是因为加在纸杯上的压力被均匀分散的缘故。

31 Quiz

球能悬在空中吗？

好，我把塑料球放在杯子上方 5 厘米的地方，现在你试着吹气吧。
?

呼!
悬浮

哇，球哪儿都不去，乖乖地悬在空中呢。
呼呼

怎么样？好玩吧？球之所以悬浮在空中是因为空气的流动。

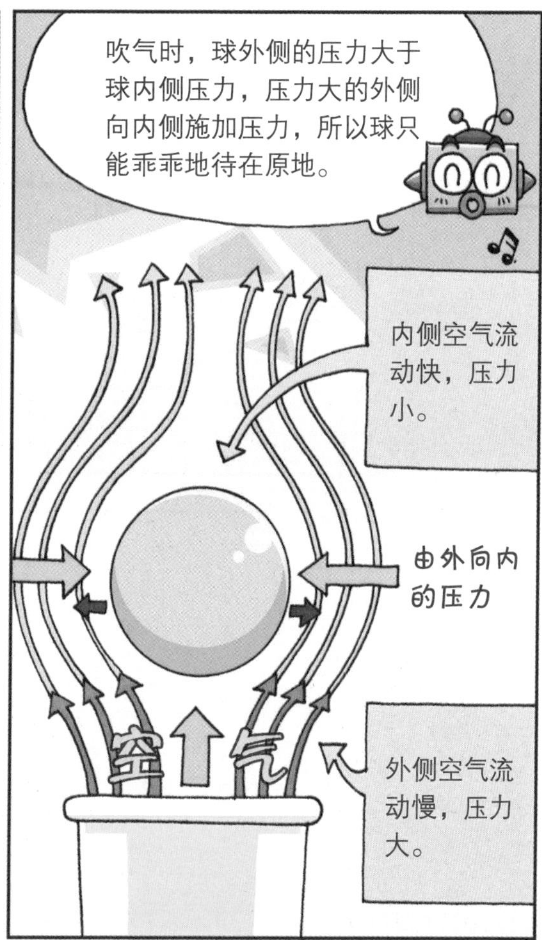
吹气时，球外侧的压力大于球内侧压力，压力大的外侧向内侧施加压力，所以球只能乖乖地待在原地。
内侧空气流动快，压力小。
由外向内的压力
空气
外侧空气流动慢，压力大。

这次再把
杯口冲下
试试。

那样球不
就掉了吗?
你先试试
再说。

呼呼 呼呼
滴溜
滴溜
怎么样?
球只是在纸杯
里打转，没掉
下去对吧?
哇!
太神了!

纸杯里空气流动越快压力
越低，纸杯外空气流动越慢
压力越高，外部施加的空气
压力托住了球所
以球才掉不下来。
呼呼
打
转

好好玩的科
学游戏啊!
还可以和小伙
伴们一起玩，看
看谁的球悬浮的
时间最长!
呼呼

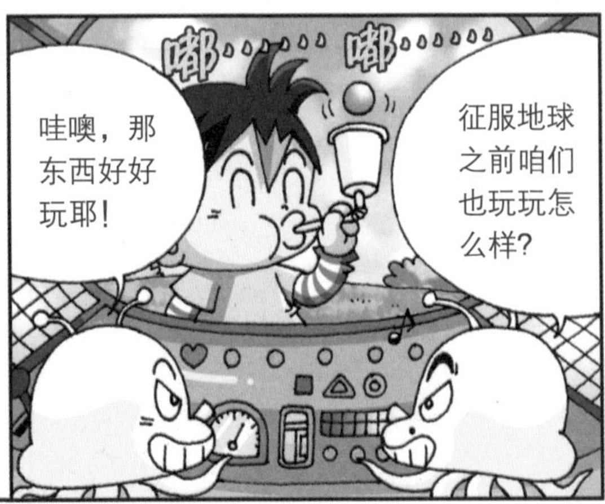
嘟 嘟
哇噢，那
东西好好
玩耶!
征服地球
之前咱们
也玩玩怎
么样?

·球不落地的原因·

在一个流体系统比如气流或水流中，流速越快，流体产生的压强就越小，这就是伯努利定律。飞机就是利用了伯努利定律，飞机机翼的上表面是流畅的曲面，下表面则是平面，这样机翼上表面的气流速度就大于下表面的气流速度，这样就产生了升力。

为什么水里的吸管看起来是弯的？

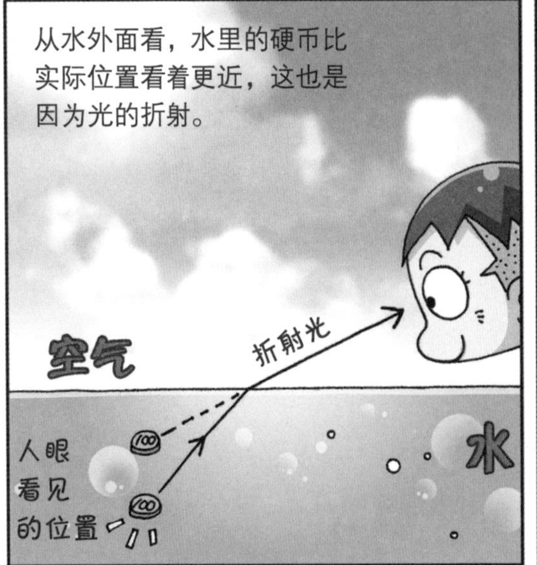

·光的折射现象·

光在空气中直线传播，但在水与空气的交界处则发生折射，就像这样，光从一种介质斜射入另一种介质时，传播方向发生改变，从而使光线在不同介质的交界处发生偏折，这就是光的折射。水中的船桨看上去在水面处发生了弯折，也是因为发生了光的折射。

潜望镜怎样看外面的物体?

·潜望镜原理·

潜望镜是利用平面镜改变光路的性质制成的，是指从海面下伸出海面或从低洼坑道伸出地面，用以窥探海面或地面上活动的装置。物体反射的光照射到上平面镜上，再反射到下平面镜上，然后反射到人眼，人眼就能从低处看见地上面或远处的景物。

家里也能制造火山?

轰隆隆
快看那熔岩！吓死人了……

自然灾害真的好可怕呀！
呼！
作为火山喷发物的熔岩，是地下岩浆中的火山气体挥发后流出地表的液体。
儿童百问百答
火山

那咱们也造一座火山呗！
轰

不行！万一熔岩流到咱家可怎么办？
砰！

喂！谁说要做
喷发火山了？
那……
那是？

只是通过实验
模拟红色熔岩喷发
的场景嘛。
我就
说嘛！
呼

泡打粉
食醋
泡打粉
小玻
璃瓶
餐具
洗涤剂
食醋
黏土
烧杯
漏斗
茶匙
红色
颜料
大托盘
这些就是制造火
山的原材料啦！

这次还用泡打
粉和食醋，看
来是要制造二
氧化碳呀！

没错！只不过这
个实验还要用很
多餐具洗涤剂。
加那个
干吗？

嘘！这是秘
密！待会儿你就
知道了！
郁闷
可爱

先往小玻璃瓶里倒一半泡打粉，再用黏土把瓶子四周装扮成火山形状。

然后往烧杯里倒入红色颜料和食醋并搅拌均匀，接着往玻璃瓶里倒入餐具洗涤剂。

把漏斗插入玻璃瓶瓶口，倒入事先搅拌好的红色食醋颜料，倒完后迅速拿走漏斗。
咻
溜
敬请期待！精彩即将呈现！

咕嘟
咕嘟
哇噻！真的好像火山熔岩在喷发呢！
咋样？很神吧？

伙伴们！瞧这个！俺的“增大胶囊”终于研制成功了！噢耶！
甭扯了！你还是去拿相机过来拍照吧。

你也忒小瞧机器人了吧！
嗖
嗬！好没礼貌的机器人！

·火山喷发实验·

碱性泡打粉和酸性食醋混合会产生化学反应，这时泡打粉主要成分碳酸氢钠与酸性成分混合后产生二氧化碳，而二氧化碳与洗涤剂产生反应生成大量泡沫，所以瓶子直往外冒液体。另外，泡打粉属于一种化学膨松剂，制作点心或蛋糕时用于和面，起到发泡作用。

能亲手制造云彩吗？

妈咪……

哇，攒了一周的零用钱，好不容易才买来的！
看起来好好吃！

啪
哎呀！

嚯哈哈！谢啦，我会好好吃的！
嗖嗖
哇哇
你这只贪心的猴子！把面包还给我！
……

竟敢叫我猴子？
金箍棒变变变！
嗖
噗叽
嗖
哎哟！

哇哈哈哈
嘻嘻！太好吃了！
呜呜！还我草莓糖嘛！
哇哇！还我波噜噜！
孙悟空把俺吃的骨头也抢走了！
呜呜

孙悟空！你这只泼猴！不是叫你不许欺负小孩了吗？
砰
神……神仙！
俺老孙只是逗逗他们嘛。

罚你不能再腾云驾雾！
哎呀！
轰隆

啊啊啊啊
神仙最棒了！
手舞
足蹈
哇噻！
噢耶！

呜呜！俺的筋斗云！以后俺可怎么办哪?
使用公共交通不就行了嘛。

为那种小事掉眼泪多不值呀！俺给你制造点云彩不就得了！
?

先往大 PET 塑料瓶里倒 1/5 温水，再灌一些蚊香气体，然后拧上瓶盖。

使劲捏瘪塑料瓶，之后再让它恢复原状，这时看看瓶子里面有什么变化。
弄瘪

当当当！咋样?云彩大功告成啰！
哇！果然奇妙！
……

那我……能踏着这云彩上天吗?
抱歉，只能用于观赏哦。

·制造云彩的原理·

当温度降至露点以下，水蒸气以尘埃为核心凝结成细小的水滴，这些水滴聚集起来便形成云。PET 塑料瓶里装着温水，弄瘪塑料瓶压缩空气，温度上升，塑料瓶恢复原状后空气膨胀，温度下降，水蒸气变成液体，这样制造的水滴附着在蚊香上便形成了“云”。

能在家里制造彩虹吗？

哇噻！是彩虹耶！
噢！真美呀！

彩虹那边一定住着一位美丽的公主吧？
醒醒吧，你……
憧憬

好！为纪念漂亮的彩虹，咱们也来制造彩虹吧！

唰
把镜子放进装有水的四方盒里，用手电筒照水里的镜子。

找一张白纸迎着镜子反射的光，这时我们就能看见五光十色的彩虹啦。
色彩斑斓
哇！彩虹出现了！

・彩虹为什么色彩斑斓？・

彩虹是太阳光传播过程中，照射到小水滴上发生光的反射和折射的现象。手电筒的光通过水时也发生折射，因为不同颜色的光折射的角度不一样，七种光线这时就像彩虹一样分离开。镜子在水中分离开的光反射到纸上，就形成彩虹。

塑料瓶里刮龙卷风？

机器人阿呆
一级秘密
T

哇，原来机器人阿呆还有秘密功能呢！如果紧急时刻接受主人的命令……
机器人阿呆 说明书
T

就能变身为机器超人！
天哪！

这家伙看起来傻傻的，居然还藏着特异功能……
好啦，现在我就在两个大塑料瓶里刮龙卷风啦！

先在瓶盖正中间挖一个直径 1 厘米左右的小洞，再用强力胶把两个瓶盖黏牢。

然后用胶带把缝隙封死。
胶带

注意！挖小洞时一定要请大人帮忙，以免弄伤手指。

往其中一个塑料瓶里加水，再把事先黏好的瓶盖拧牢。

接着把另一个空瓶倒立拧在瓶盖上，实验准备完毕！
当当当

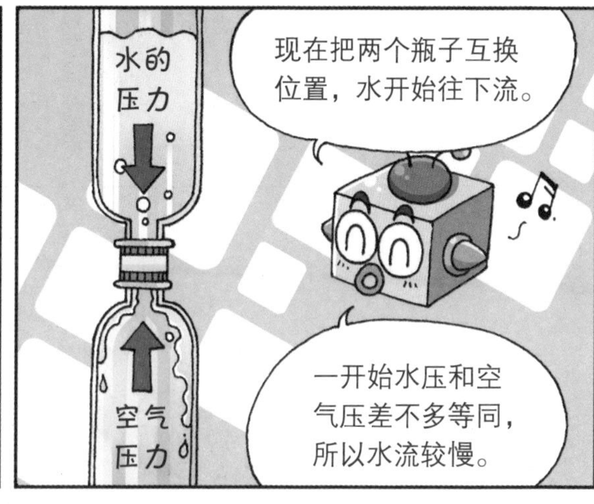
水的压力
空气压力
现在把两个瓶子互换位置，水开始往下流。
一开始水压和空气压差不多等同，所以水流较慢。

呼
呼
但是几次互换位置并摇晃后，下边瓶子里的空气向上升，水流开始加快。

哇噢！刮龙卷风咯！
呼
呼
呼

嗬哈哈！瓶子里
那点龙卷风就把
你们乐成那样了！
不好！是
臭名昭著的大
坏蛋博士！

就让你们见识见识
啥是威力强大的龙
卷风！哈哈！
吼
吼
呜呜！
不要啊！

可恶的家伙！
欺负小孩算什么
本事！阿呆！赶快
变身机器超人！
是！

机器超人
变身！
嘎
吱
咔
嚓
咔嚓

我的
天哪！
机器超人
变身成功！
这是咋
回事儿？
喀
嚓

·高速气流——龙卷风·

用力摇晃塑料瓶，瓶里的水就快速旋转，水的中央呈中空状，像龙卷风一样。多发于美国的龙卷风是一种伴随着高速旋转的强风涡旋，贴近地面的热气迅速上升，并高速旋转形成漏斗状云柱。龙卷风的平均风速为 300~800 千米/小时，破坏力极大。

雾也能制造吗？

刚才吃紫菜包饭
好像吃坏肚子了。
呲 呲 呲
噗
呜
咕噜
咕噜
雾太大了，
都看不清
路了……

嘿嘿！我是鬼！
快给我脚！
蹦
蹦
啊呀！

我的妈呀！
吓死人了！
救命啊！
哇
哇
嘻嘻，我
是小虎呀！
番茄酱

冰块
先往玻璃瓶里倒
热水，等整个瓶身
发烫后倒出大部分
热水，接着把
冰块放到
瓶口处。
把房间遮挡
严实变成暗室，
然后用手电筒
照玻璃瓶，这时
会发现朦朦
胧胧的雾气。

我要制造一
些雾吓唬其
他人去！
哈哈，太有
意思了！
哎哟，肚
子好疼啊。

·水滴聚集而成雾气·

雾是由大量细微的水滴或冰晶组成的悬浮在大气中的可见聚合体，雾的形成必须具备以下几个条件：空气中有足够的水蒸气；气温降到露点以下；水蒸气凝结（指气体因为压力增加或温度降低变成液体）成水滴。此外，在江河湖海等湿度大的地方也容易形成雾。

洗涤剂污染导致鸭子不能浮在水面上了吗？

生气
恼怒
凭什么教训我们？我们又没做错什么事！

因为人类滥用合成洗涤剂，排放废水污染江河，逼得俺们鸭子们都快活不下去了！

知道鸭子为啥能浮在水面上吧？
不知道。

居然连这种基础常识都不知道？因为鸭子羽毛上的油脂呗！
漂浮
咋呼

呜呜……刚刚那只鸭子分明嘲笑咱们了，对吧？
是啊……太说不过去了！
哼！

下面我就通过简单的实验告诉你们俺们鸭子为啥活不下去了吧，仔细看哟！
食用油
食用油
洗衣粉
洗涤剂
废弃的玻璃容器
废弃的茶匙

先往装水的玻璃容器中倒入一茶匙食用油，认真观察水面变化。看见没？食用油漂浮在水面上了吧？

这次再往水表面撒两茶匙洗衣粉，然后轻轻搅拌溶液以免产生泡沫。
轻轻地

好了，我们再来观察一下水表面的变化，跟刚才的比较一下。

咦？食用油溶解在水里了耶！
所以说合成洗涤剂流入江河中，也会溶解鸭子羽毛上的油脂！

没错！你们人类越是随心所欲地污染江河，俺们鸭子就越来越难活下去！
尤其是合成洗涤剂很难快速分解掉，会一直污染河流，而它的毒素就会慢慢聚集在鱼类体内。
呜呜
好可怕呀……

啦啦超市
开业3周年
热热
闹闹
喂！那有家商店哎！
鸭子你先稍等一下哦！

·污染环境的合成洗涤剂·

合成洗涤剂主要用于消除物体上附着的污渍，具有不受水温限制的特点，然而另一方面却危害着人体健康，由于不能自然分解所以成为水质污染的“元凶”。水质污染导致鱼类先天畸形，鱼类鸟类大面积死亡，同时，饮用污染水质的人类也非常容易患上各种疾病。

咕嘟咕嘟的科学实验

科学源于观察与探讨，而实验可以让我们亲身体验已观察到的现象与规律。

抛开那些昂贵而又繁琐的实验不谈，我们周围随处可见的一些物质都可以成为很好的实验对象和实验工具。实验与观察是我们随时随地可以进行的趣味科学，只是在做科学实验之前，我们必须先明确实验目的、实验所需工具及实验材料。

实验时必须遵守的注意事项

1. 如果实验时使用化学药品，则必须穿实验服并戴实验手套和口罩。
2. 如使用锥子、刀、火柴等危险材料，儿童必须有大人陪同。
3. 禁止用湿手触摸电器，请勿在插座周围放置溶液或湿气重的物品。
4. 因烧杯之类的玻璃工具沾水后容易打滑摔碎，所以使用这类实验器材进行操作时必须戴专用橡胶手套,用完后清洗干净，自然风干保存。
5. 严禁食用任何实验用材料和实验用食物。
6. 进行明火操作时须戴护目镜，应提前在周围准备好灭火器之类的物品。

生活中的科学魔术 1——化不掉的方糖

· 魔术实验

1. 准备一块方糖，一个装有水的杯子。
2. 把方糖放进装水的杯子后搅拌。

→方糖不溶解。

· 魔术大揭秘！

方糖为什么化不了呢？秘诀就是杯子里的水！因为事先准备好的“水”不是普通的水，而是高浓度糖水，即无法再溶解方糖的饱和溶液。

生活中的科学魔术 2——鼓起来的气球

· 魔术实验

1. 把空玻璃瓶放冰箱里冷藏约一小时然后取出。
2. 把气球嘴儿套紧瓶口，再往放置玻璃瓶的容器里倒热水。

→气球慢慢鼓起来。

· 魔术大揭秘！

冷藏的玻璃瓶里的空气，处于体积缩小的低压状态，把它从冰箱里取出来之后，瓶里的空气温度逐渐回升，体积也随之增大，瓶内的空气被慢慢挤到瓶外，这时再把瓶子放进热水里，瓶里的空气温度骤然升高，体积迅速膨胀，瓶里的空气也迅速被挤出去。用气球嘴儿套住瓶口，瓶内的空气就被挤到气球里，所以气球会鼓起来变大。

制作五光十色的彩虹

· 实验方法

1. 往 7 个玻璃杯里倒入等量的水。
2. 第 1 个玻璃杯里不放糖，第 2 个玻璃杯里放一勺糖，第 3 个玻璃杯里放 2 勺糖，以此类推。
3. 按顺序往 7 个玻璃杯里依次放 7 种彩色颜料。
4. 往事先准备好的高玻璃瓶里依次滴入 7 个玻璃杯里的溶液。注意要使用滴管或漏斗，从含糖量最多的溶液开始，沿着高玻璃杯杯壁，按照顺序依次缓慢滴入溶液。

· 实验结果

五光十色的彩虹制作完成!

这个实验利用的原理是糖水的密度差，含糖量最高的彩色糖水密度最高也最重，因此沉在最下层，以此类推，彩色糖水按顺序一层层堆积，另外，用盐代替糖做这个实验也可以得出相同的实验结果。

用盐制作冰镇饮料

· 实验方法

1. 往大容器里加满大小合适的冰块。
2. 加大约 3 勺盐并搅拌均匀。
3. 把玻璃杯小心放入冰块里，再往杯里倒半杯喜欢的果汁。

· 实验结果

往冰块里加盐，冰块在融化过程中产生水，盐在溶于水的过程中会吸收周围热量。融化的冰块在吸收热量的同时再次上冻，冰块里的果汁也被夺走热量而迅速降温。爱吃沙冰的小朋友，用小勺搅拌果汁即可。

利用大气压的实验

· 实验方法

1. 准备 2 个大容器，1 根长软管。
2. 1 个容器放在高处，1 个容器放在低处。
3. 往高处的容器里加满水，软管一端插进装水的容器里，另一端放嘴里深吸一口气后再放进低处的容器里。

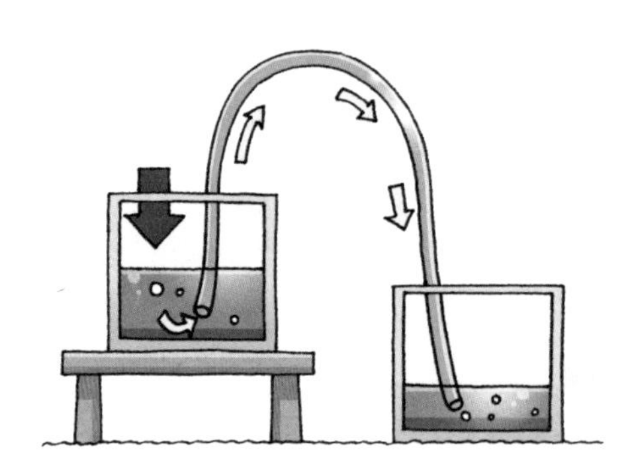

· 实验结果

水顺着软管往下流。

这个实验利用了大气压原理，置于高处并装有液体的容器在不倾斜的情况下，液体会自然往低处流，这就是虹吸现象。由于大气压一直压高处容器里的水，在大气压的作用下，水于是顺着软管不断流出来。

做虹吸现象实验需具备几个条件：第一，两个容器之间的水面差应小于 10 米；第二，出水的软管应低于进水的软管。我们每天使用的坐便器就是虹吸原理制成的哟。

找出生鸡蛋

小虎和阿呆在旅行途中被一个小鬼拦住，小鬼给他们出了一个谜语："有两个鸡蛋，一个生一个熟，在不打碎鸡蛋的前提下找出哪个是生鸡蛋！否则就吃掉你们俩，嘿嘿嘿……"

小虎和阿呆该怎样摆脱这个危机呢?

· 实验方法

1. 原地旋转两个鸡蛋。
2. 用手指轻触旋转的鸡蛋后立刻收回手指。

· 实验结果

继续旋转的是生鸡蛋，这是因为手指发出的力相对较慢地传递到鸡蛋内部。熟鸡蛋里外一体，摩擦刺激会一次传递到内部，所以手指轻触立刻会停下来，然而生鸡蛋内部是黏性液体，因为惯性使然想继续保持运动状态，因此，得旋转一会儿才能停下来。

2 有趣的科学观察

花瓣为什么会变蓝?

亮晶晶
亮闪闪

逃得挺快啊!
站住!
咦?

打的就是你小猪!
求求你们别打了!
啪
嘻嘻!

还不给我住手!
哼!
咱们走!

谢谢你救了我。
不用客气……
鞠躬

咕噜噜噜 咕噜噜噜
亮晶晶
亮闪闪
泪眼
汪汪

那俺就不
客气啰。
啊呜 啊呜
狼吞
虎咽
呜呜，我忍
我忍！
呜呜
呜呜

那什么……
能给我一盒
香蕉牛奶吗？
咳
咳
我哪有钱
买？！还是
喝水吧，你！

面包就着
牛奶吃才
香嘛！
嗝儿
拜托吃完
了把瓶子
还给我！

作为你帮助我的
回报，我要把这
朵神秘的康乃馨
送给你。
漂亮

这不就是一朵
普通的白色康
乃馨嘛！
NO！
这朵康乃馨拥
有预见未来的
神秘法力！

如果康乃馨花瓣变
蓝，就会发生可怕
的事情，所以到时
你一定要躲起来哟！
煞有介事

鬼才信它的话呢！

哐当
我的妈呀！花……花瓣真的变蓝了！

哈啊！
睡得真香啊！

这可咋办？
惊慌
失措
这小子一大早怎么啦？

你是说这个？
康……康乃馨花瓣变蓝了！呜呜！

因为阿呆往玻璃杯里倒蓝墨水了嘛，这就是“毛细现象”，就是墨水通过植物的茎上升至花瓣，所以花瓣就变蓝了。
墨水

呵呵！
全都怪阿呆！害我虚惊一场！
气冲冲
气呼呼

·自然浸润的毛细现象·

把纸或布放进水里，水自然而然渗透进去的现象称为毛细现象，水分和养分通过植物根部输送到整个植物体内部也属于毛细现象，而我们经常使用的钢笔就是利用毛细现象和重力作用，让墨水通过储存墨水的毛细管（笔胆）流到纸上。

菠萝没有种子怎么种植？

菠萝真是太好吃了！
酸酸甜甜的好吃极了！

对了，要是小虎回来发现菠萝全被吃光了可咋办？
是啊，他肯定不会放过咱俩的！
饱嗝儿

你们这两个家伙！怎么可以全都给吃光呢？

对不起嘛……
因为太好吃了，所以就……

幸好菠萝顶部的冠芽还在！这就可以种菠萝啦！
菠萝又没种子怎么种呀？

·无籽种植的水果·

菠萝属于无籽水果，可通过根茎扦插法或分割蘖芽法繁殖，大约两年后收获果实。将长有绿叶的果肉部分，即貌似王冠的部分切下约5厘米种在花盆里，大约3天后冠芽开始生根。菠萝喜欢在温暖的环境中生长，因此种植时应注意防冻。

霉是怎样产生的？

谢谢你帮我完成作业，这是给你的礼物哦！
哇喔！是柠檬耶！

呜呜，居然收到美娜的礼物了！
莎啦啦啦

这个谁都不许碰！
谁吃我就跟谁急！
甭担心！好像谁稀罕酸味似的！

我要把它永远珍藏起来，先用水洗干净。
哗啦
哗啦

再用毛巾擦干放进塑料袋里……
啦啦啦

万一阿聪偷吃
可咋办？最好呀
还是放抽屉里
上上锁。
咔哒

噜啦
啦啦！
哟嗬！
得瑟样
儿……

哎哟妈呀！
这是咋回
事儿？！

怎么啦？
发生啥事
儿了？
哆哆
嗦嗦

怎么才过了一个
礼拜，我的柠檬
就发霉了呀！
哇哇大哭
我的天！
这个……

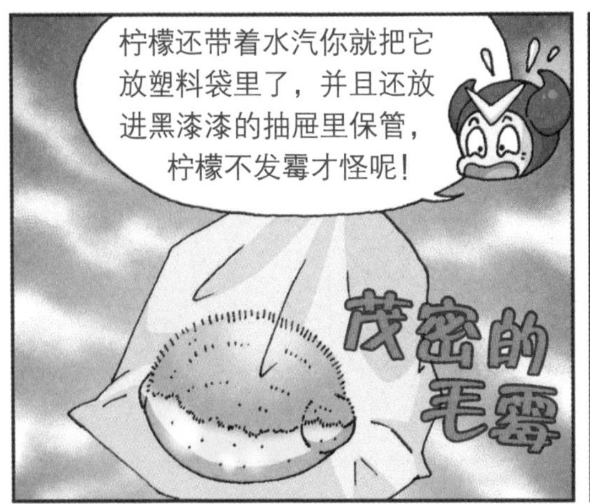
柠檬还带着水汽你就把它放塑料袋里了，并且还放进黑漆漆的抽屉里保管，柠檬不发霉才怪呢！
茂密的毛霉

霉也叫丝状菌，喜欢生长在高温潮湿阴暗的地方。
那这个柠檬该怎么办?

既然已经烂了还能咋样，只能扔了呗……
唔！

哇哇哇
不嘛！就不！美娜给的柠檬怎么能扔了呢？！

滋喇
滋滋滋
扑簌簌
咦?

谢谢啰，小虎！我呀本来是柠檬王国的公主，被巫婆施了魔法才变成这样的。
天哪！怎么可能……

·什么是绿霉？·

霉没有根、茎、叶分化，由微弱的单条管状细丝——菌丝组成，并通过菌丝吸收养分。霉是寄生生物，从活着或死亡的动植物体上获取养分。腐坏的食物上常生绿霉，有绿色、青色、黄绿色等颜色，另外，绿霉也是治疗肺炎的药物——青霉素的原料。

蘑菇可以画画吗？

蘑菇可真奇怪，跟其他植物长得也太不一样了。
是啊。

叮！
蘑菇可不是什么植物！
它跟可以自己制造营养成分的植物不一样。

蘑菇是寄生在其他生物体上以获得养分的菌类，这一点倒是跟霉很相似。
菌盖
菌褶
菌环
菌柄
菌托
美味的蘑菇居然跟霉类似，这也太让我受刺激了！

菌褶里能产生大量孢子，利用这个就能画画了，做法是把菌盖和菌柄分离，然后把它正面朝上平放在纸上。
分离

玻璃容器
用玻璃容器罩大约 24 小时后，拿起菌盖仔细观察下面的纸。
纸
菌盖

·与霉最接近的蘑菇·

蘑菇也像霉一样由菌丝组成，通过孢子进行繁殖，孢子生长在菌褶的菌丝上。蘑菇没有叶绿体，无法进行光合作用，喜欢生长在阴暗潮湿而且温暖的环境中。作为食用菌蘑菇被广泛种植，但像橘黄裸伞、白毒伞、蛇头菇等含有剧毒的毒蘑菇千万不可食用。

树叶上能变出花纹吗？

……

所有植物都进行光合作用，就是指植物接受光能补充营养的过程，下面咱们通过实验来了解一下。

往植物的大叶片上粘上胶带再让它接受阳光照射。
吱喇

过几天揭去胶带，看看发生了什么变化？
揭掉

哎呀！贴胶带的地方产生蓝绿色花纹了。

植物的光合作用是通过含有叶绿素的叶绿体进行的，而粘胶带的地方由于光照不足无法进行光合作用，所以就变成这样啰。

·光照对植物的影响·

光合作用是绿色植物利用叶绿素，在可见光的照射下，将二氧化碳和水转化为有机物（主要是淀粉）并释放出氧气的过程。淀粉是植物发芽或长根时必需的能量来源，也是动物和人类食物的来源。发生光合作用的叶绿体中含有叶绿素，具有吸收光能的作用。

蚯蚓为什么在土壤里挖洞?

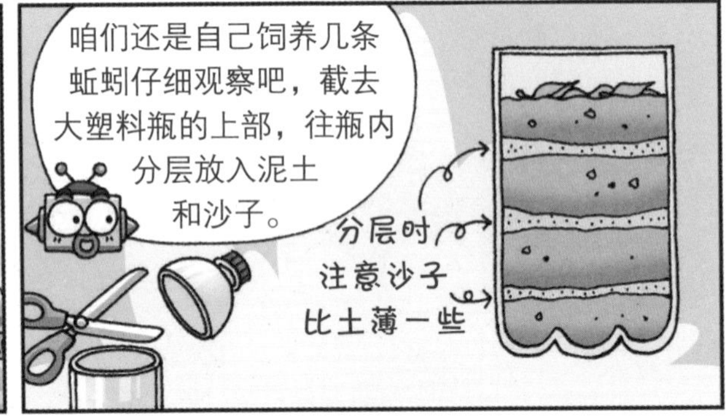

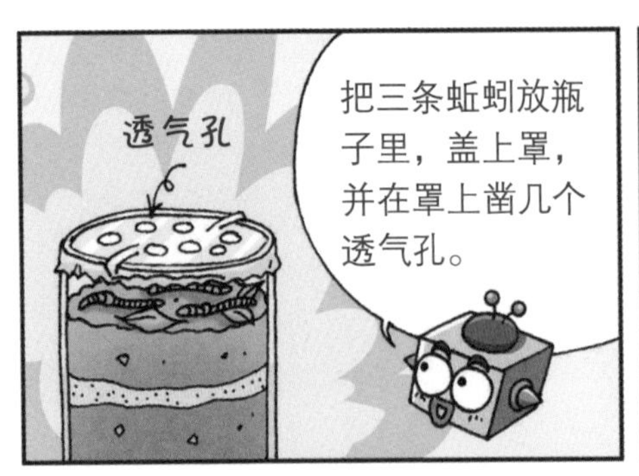

·让土壤变肥沃的蚯蚓·

蚯蚓喜暗怕光，所以在土壤里挖洞生活。除了下雨时土壤浸水的日子，蚯蚓几乎从不钻出地面。蚯蚓挖的洞穴令土壤疏松，使空气和水更容易到达植物根部，促使根部更好地吸收养分，同时，蚯蚓粪也为土壤提供了优质天然肥料。

7 Quiz

蚂蚁为什么排队前进？

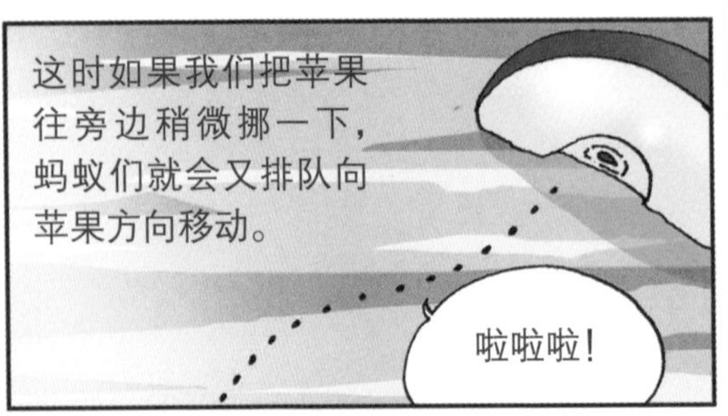

·靠信息素引路的蚂蚁·

蚂蚁靠尾部分泌的信息素向同伴们告知食物所在之地和发送危险警报。信息素是同种类的动物们为了沟通而从身体里分泌的一种化学物质，蚂蚁就是按信息素的指引排队前进，蚂蚁的信息素包括引路的信息素以及向同伴告知敌情的警报信息素等。

怎么让温水感觉更热乎?

这水温吞吞的怎么一点都不热乎啊?

又没那么冷你就凑合洗一下吧!
可是我就想用热水洗!

小虎总煮拉面吃，燃气都用光了。
嘘!
讨厌!

好吧，就给你热水啰。
怎么给?

你先把手放凉水里几分钟。
可是人家喜欢热水嘛……
温水
凉水

·不同的感觉·

人的皮肤上有各种接触感受器官，接受刺激后将兴奋通过神经传到大脑形成触觉。感受冷热的皮肤神经，在适应不同温度的过程中变迟钝了。比方说把冷水里的手放进温水里时感觉很暖和，是因为感觉凉的神经变迟钝了，而感觉热的神经变发达了。

鼻子能感觉到食物的味道吗？

·使味道更加鲜明的嗅觉·

味觉感受器是舌头上的味蕾细胞，但如果没有嗅觉共同参与，那么人是区分不出细致味道的。食物的气味分子，刺激鼻子里的嗅觉细胞，然后传到大脑，于是人就闻出各种味道。当我们感冒时，气味分子溶在鼻涕里，所以感冒时人基本上品尝不出什么味道。

呼吸时肺是什么样子？

学习是最
简单的事情！
100
37

愿我们之间
友谊长存！
友谊长存！

友谊号
为纪念小虎和阿
聪之间友谊长存，
旅行去咯！
哇哈哈！

对了，阿呆，刚
才开始你一直在
捣鼓啥呢？
这个？

反正闲着也
是闲着，就
看看书呗，
顺便做一个
有趣的实验。

剪掉大塑料瓶的瓶底，气球
嘴儿打结儿，另一端稍微剪
掉一点儿，然后把气球套在
塑料瓶上并用透明胶带固定。
稍微剪掉
底部的气球
胶带

把吸管插进小气球里并用橡皮筋缠紧，注意不要让吸管扎漏气球哟。

把缠着气球的吸管放进瓶里，再用橡皮泥封住瓶口，实验准备完毕！
橡皮泥

这是啥东东？
这个是肺部模拟实验，下面咱们就来了解一下肺部是怎样呼吸的吧。

先把气球打的结儿往下轻轻地拽一下。
拉伸

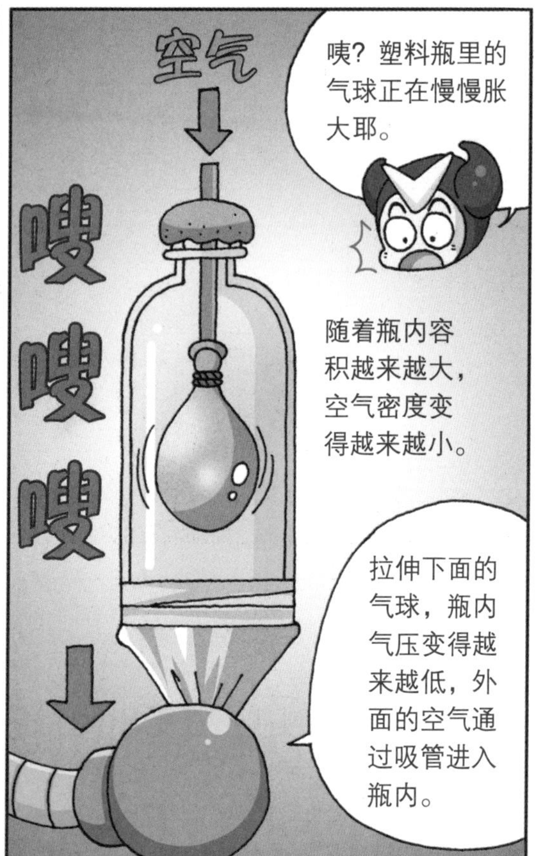

空气
咦？塑料瓶里的气球正在慢慢胀大耶。
嗖嗖嗖
随着瓶内容积越来越大，空气密度变得越来越小。
拉伸下面的气球，瓶内气压变得越来越低，外面的空气通过吸管进入瓶内。

现在我们
放开气球。
空气
塑料瓶的
容积减小，
空气密度
增大。
哇唔！瓶
里的气球
缩小了！

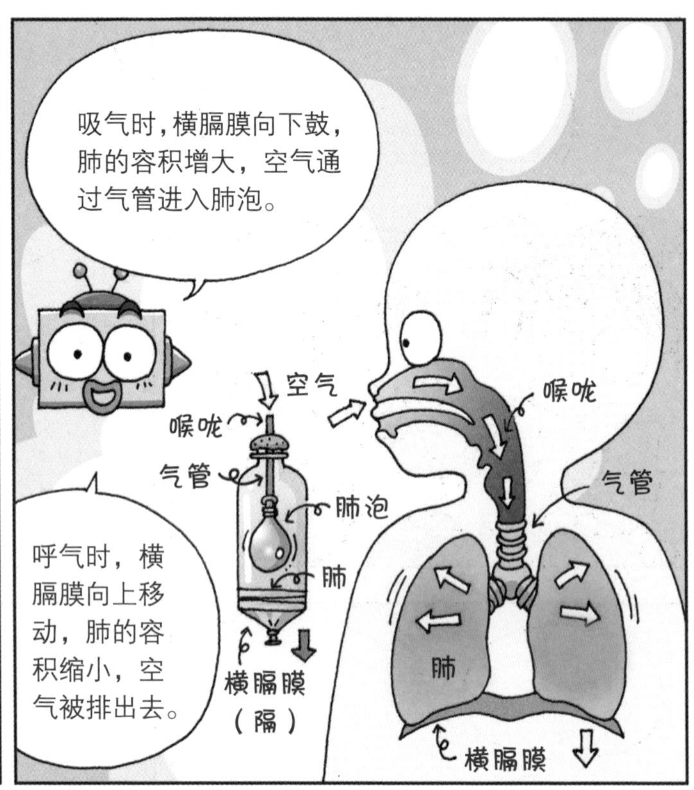
吸气时，横膈膜向下鼓，
肺的容积增大，空气通
过气管进入肺泡。
空气
喉咙
气管
肺泡
肺
横膈膜
（隔）
呼气时，横
膈膜向上移
动，肺的容
积缩小，空
气被排出去。
喉咙
气管
肺
横膈膜

嗖
嗖
啊？怎
么啦？

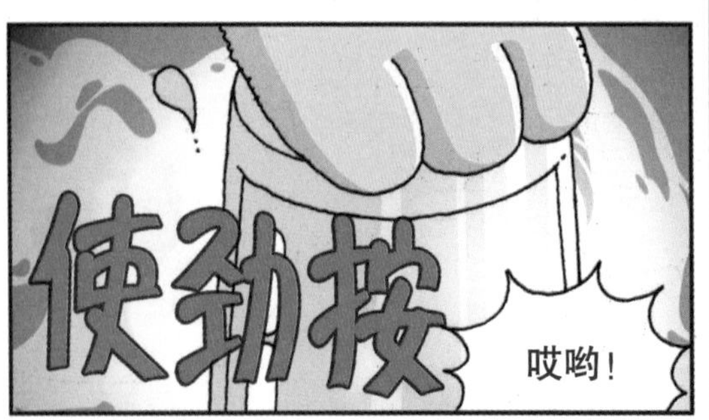
使劲按
哎哟！

就像这样，把杯子倒
放进水里，水因为杯
子内部的气压进不去。
哎呀，
真是太
神奇了！
天哪！这
里好像是
巨兔国！
咱们被囚
禁在杯子
里了吗？

·主管呼吸的肺·

肺部没有肌肉，无法自主运动，只能依靠位于肺部下边的横膈膜进行呼吸。横膈膜是将胸腔和腹腔分隔开的膜状肌肉，随呼吸而上下移动。肺泡作为肺进行气体交换的主要部位，是位于细支气管末端的球状小囊。

不出汗会怎么样？

呼哧……
终于到了！

呃……出了好多汗哪！
汗黏乎乎的，要是不出汗多好呀！

瞎说什么呢！出汗多重要你知道吗？

把手放进塑料袋里，然后扎紧塑料袋口不让空气进来，看看有什么变化？

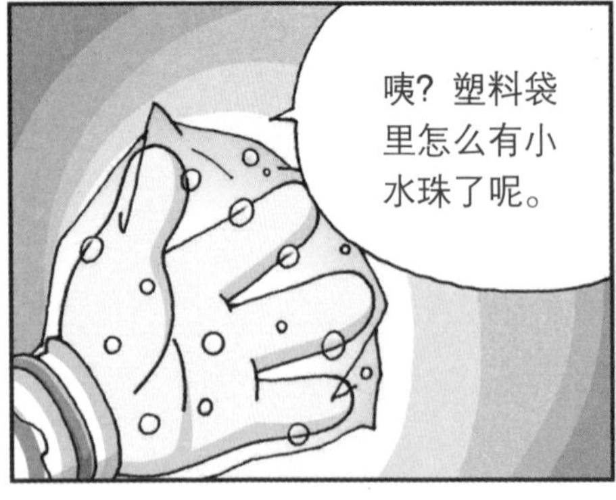
咦？塑料袋里怎么有小水珠了呢。

这就是汗呀，当气温升高时，人体通过排汗散发热量，降低体温，使体温保持在一定水平。

·能排出废弃物的汗液·

人的体温是恒定的，一般在36℃-37℃之间，当外界温度升高时，人以出汗的形式向外散热。汗液99%的成分是水，此外还含有盐、钾、乳酸、氮等。毛细血管里的血液通过汗腺过滤水和废弃物，再通过毛孔将之排出体外。

手掌上为什么会出现“小洞”？

·影像重叠现象·

人的两只眼睛所看的物体影像略有差异。每只眼睛所接受的影像都在大脑里聚合成为一个立体影像。这个实验中，纸筒将左眼和右眼的视线隔开了，右眼是通过纸筒往外看，而左眼看的是左手掌。当这个图像在视网膜重叠时，传递到大脑的信息就是左手上有小洞。

怎样才能让鸟进鸟笼里？

闹闹
哄哄
大家聚一起在干吗呢？

谁能破解妖怪布吉乌吉的谜题，国王就把最珍爱的公主许配给他！
一言为定
国王
妖怪布吉乌吉的谜语？

国王在城堡里举行盛大的Party，唯独没有邀请妖怪布吉乌吉。
竟敢这么瞧不起我？
知不知道我有多喜欢party！
不、不是那个意思……
咕噜
咕噜

给你一周时间！一周内如果没人能解开这个谜题，我立刻就和公主结婚！
呼
呼

好多人都试图解开谜题，却没有一个人成功。
要不我来挑战一下？

你还是算了吧！听说妖怪出的这个谜题压根儿没有谜底！

妖怪画了两张画，要求把小鸟关进鸟笼里，你说这像话吗？已经画好的画怎么可能啊……
自始至终都不可能破解的谜题！
懵

呼
呼
呼

轰
今天可是最后的期限！

果然没人能破解谜题吧?
那我现在就把公主带走嘞!
流口水
噌地
呜呜

等一下！我现在就把鸟给关进鸟笼里！
?

首先，把鸟的图画和倒置的鸟笼图画背靠背粘在一起。
粘牢

接下来把粘好的图片两端各穿2个小洞，穿绳打结儿，然后拽紧绳往一个方向快速旋转。
我转
我转

两手扯住绳拽紧！
使劲
拽
哇！小鸟真的被关进鸟笼里了！

呜……气死我了！这小子居然破解了妖怪们一百年都没能解开的谜！
轰
因为俺利用了视觉后象！

·神奇的视觉现象——视觉后象·

当两张图片快速切换时，大脑把两张图片当成一张来看，这正是由于视觉后象的缘故，就是说当物体快速运动时，即使看到的影像消失，人眼仍能继续保留其影像短暂的时间，这就是视觉后象。现代动画片也是根据这个原理制作。

旋转彩色陀螺会看见什么颜色呢？

·神奇的光的混合·

肉眼靠圆锥细胞区分颜色，而圆锥细胞有三种类型，这三种锥状辨色细胞分别对红、绿、蓝色光最敏感，并可以根据三原色的比率感觉各种不同的颜色。这时光混合得越多就越亮，例如红、绿混合后变成黄色。光的三原色为红、绿、蓝，三种颜色等量混合可以得到白色。

录的音为什么听起来不一样？

哎！我所发出的声音，难道我自己听见的跟别人听见的不一样？
啊

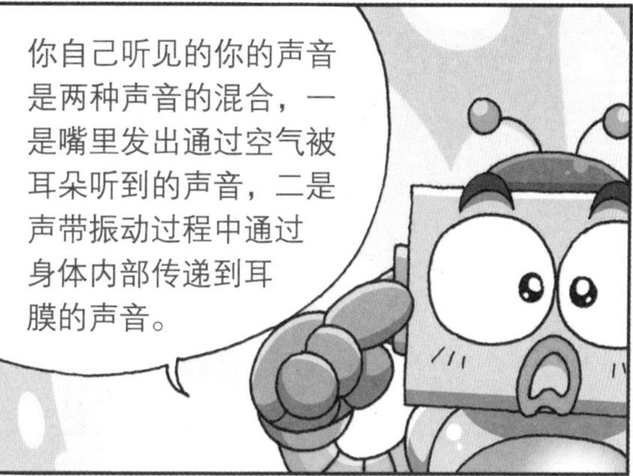
你自己听见的你的声音是两种声音的混合，一是嘴里发出通过空气被耳朵听到的声音，二是声带振动过程中通过身体内部传递到耳膜的声音。

所以你听到的你的声音，和别人听到的你的声音不一样哦。
哦！
啪

有啥不一样的？
噢，爸爸加油！我们伴您左右！
……？

录音机里阿聪的录音，和阿聪真实的声音我都不爱听！所以说都是一样的嘛。
唱得那么差劲还……

喂！你说完了没有？
开个玩笑！别生气嘛，要不咱们一起玩纸杯电话游戏吧！

纸杯还能
做电话呀?

居然连纸杯电话
都不知道！嘻嘻！
郁闷

找两个纸杯，杯底分别戳
小眼儿用棉线固定，然后
将它们连接起来。
OK

接着，两人各拿一个
杯子向两边走直到棉
线绷紧，然后用纸杯
罩住耳朵说话。
这能
行吗?

嘀嘀咕
咕……
铁蛋
哦？真的
能听见?
嘻嘻……
你说啥？铁蛋
在被窝里画世
界地图了?
哇喔，
好神奇呀！

用纸杯电话通话时，
振动通过棉线进行传
递，纸杯就像一个小
音箱把声音收集聚拢
起来。
啊！那样
就行啰！

·别人听见的我的声音·

自己听自己的声音，因为有头骨和耳朵内液体的振动，所以听起来比实际声音大，这也能解释为什么用餐时，总感觉自己的咀嚼声比别人的咀嚼声大。用录音机录声音，只是录从嘴里出来的声音，而经由身体传递的声音被忽略了，所以听到的嗓音不一样。

怎样通过指纹查找嫌疑犯？

胡说啥呢！把我看成什么人啦？
是阿呆在房间里又不是我！
哼！

机器人又不能喝牛奶！
就是嘛，电池丢了赖我还差不多……
冲口而出

喊！那么想喝直接说不就得了！
冤死我了！
你有什么证据？

好啊！现在开始我亲自把证据找给你看！
当当
名侦探小虎变身成功！

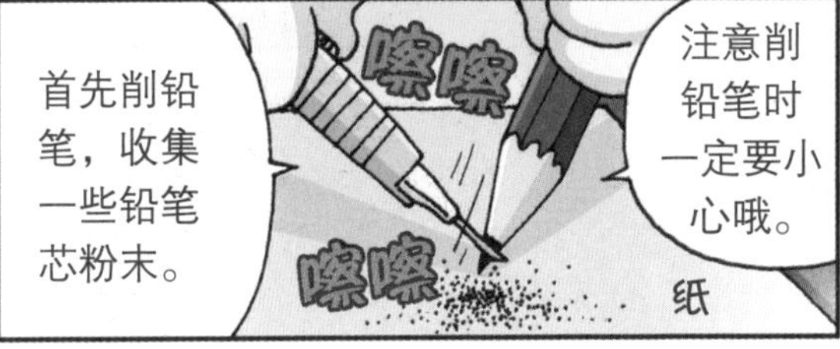
首先削铅笔，收集一些铅笔芯粉末。
嚓嚓
注意削铅笔时一定要小心哦。
嚓嚓
纸

然后把铅笔芯粉末均匀地撒在证据杯子上……
撒在有指纹的地方
塑料手套

对准杯子轻轻吹一下，把没附着在杯子上的粉末吹掉，再用透明胶带粘住铅笔芯附着的部位，然后揭下胶带，指纹提取成功！
刺啦

这不正是阿聪你的大拇指指纹吗？嚯哈哈！
啪
嫌疑犯阿聪的指纹

可是完全不一样啊！
叮
讨厌……
墨水

这怎么可能！你们肯定要了什么花招！
啊，对了！俺睡觉时打开俺身上的监视器来着……
嘿嘿

干吗到现在才说？！
人家没想起来嘛！
啊嘿！

回放中
呼呼呼！
偷喝巧克力牛奶的家伙！看你往哪儿跑！

啊哈！
睡眼惺忪

渴死了……
咕咚咕咚

·指纹——缉拿真凶的功臣·

指纹就是手指末端表皮上突起的纹线，每个人的指纹都不一样，并且终生不变。因为手上的皮肤会分泌油脂，因此徒手摸东西时会留下指纹痕迹。提取指纹就可以抓住真凶和确定凶手身份。除指纹之外，声音、眼睛虹膜等也应用于人体生物识别技术。

咸味能变成甜味吗？

哇！新出炉的饼干耶！
快尝尝，很好吃哦。

那我就不客气啦……
喀嚓

哎呀！什么饼干这么咸啊？
听说是没放糖的饼干。

可是我喜欢甜饼干嘛……

好吧，那我就把这饼干变出甜味吧。
怎么？你想往饼干上撒糖？

把饼干放进嘴里，
反复咀嚼一段时间
就可以了。
吧唧吧唧
咔
嚓

咕嘟！
光嚼着，
别咽下
去呀！

知……知
道了……
一动
一动

咦？怎么感觉
越嚼越甜呢！
咀
嚼
咯

因为饼干与唾液混合后，
唾液中的淀粉酶将饼干中
的淀粉分解成了麦芽糖，
所以越嚼越甜啰。
啦啦啦！
唾液
淀粉酶
饼干
淀粉
揉捏
麦芽糖
麦芽糖的
英文是
maltose。
咯咯咯

不仅饼干，包括米饭、面包、
土豆等碳水化合物食物，因
为都含有淀粉成分，所以与
唾液混合后都是越嚼越甜。
吧唧

唾液除了帮助消化，
还有助于分辨食物
味道呢。
真的?

下面咱们就通过简单的
实验验证一下吧，需要
先准备好饼干、砂糖、盐、
苹果干、香蕉干等食物。
香蕉干
砂糖
苹果干
盐
饼干

伸出舌头，
用厨房纸巾
吸干唾液。

取事先准备好
的各种食物依
次品尝味道。
注意品尝完一
种食物后必须
漱口，用纸巾
吸干唾液后才
可以继续品尝
下一种食物。

好奇怪……就是有
碰触感，啥滋味儿
都尝不出来呀。
没错吧？因为只
有唾液分解了食
物成分才能尝出
味道嘛！

想不到人体里出
来的东西全都这
么重要啊！真是
太奇妙了！
就是，我们
的身体当然
全都重要了。
呵呵

·唾液的作用·

人有三对较大的唾液腺，即腮腺、颌下腺和舌下腺。吃苹果之类的水分较多的水果，舌下腺和颌下腺分泌较少的唾液，而吃饼干之类的干燥食物时，腮腺会分泌较多唾液。唾液能帮助溶解食物，其中还含有淀粉酶和溶菌酶，有助于消化并具有杀菌作用。

人体骨骼是怎样形成的？

今天咱们一起来制作人体骨骼吧！可以先复印人体骨骼模型图，再把它们贴到硬纸上剪下来，

如果没有模型图，直接看图片照着画也可以。
想不到骨骼这么复杂！

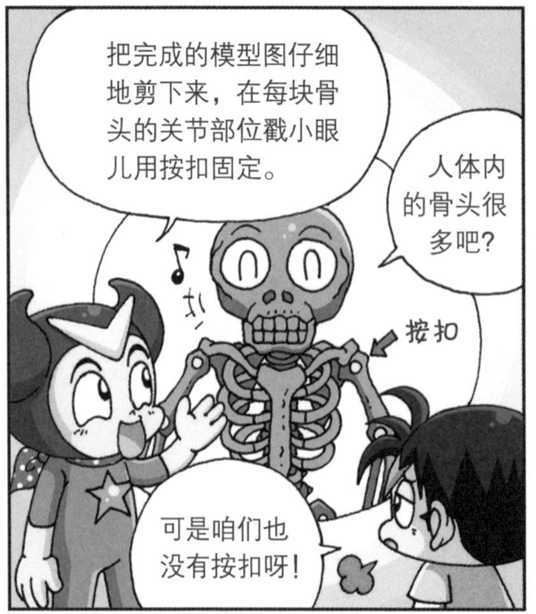
把完成的模型图仔细地剪下来，在每块骨头的关节部位戳小眼儿用按扣固定。
人体内的骨头很多吧？
按扣
可是咱们也没有按扣呀！

没办法，只能用线固定啰。
哈哈哈！

最起码也得做到我这种水平嘛！你那算啥玩意儿？！

·支撑身体的骨骼·

人体共有206块骨头，它们巧妙地连接在一起，组成坚固的支架，支撑起我们的身体，保护着人体内重要的器官。骨骼外层是致密坚硬的骨密质，内层是海绵状骨松质，在骨松质的网眼中充满了可以造血的骨髓，骨与骨之间连接的地方称为关节，帮助改变姿势。

巴甫洛夫的狗实验是怎么回事?

·反复的学习——条件反射·

条件反射是人脑想起过去的经验而做出的反应,巴甫洛夫博士以狗为对象所做的实验中,虽然铃铛和食物没有任何关联,然而通过反复的学习,只要铃声一响,哪怕不喂食狗也会分泌唾液,巴甫洛夫博士通过这个实验提出了条件反射的概念。

为什么轻叩膝盖小腿会急速前踢？

·无意识发生的无条件反射·

条件反射是后天获得的经学习才会的反射，是后天学习、积累经验的反射活动；非条件反射是指反射弧完整，在相应的刺激下，不需要后天训练就能引起的反射性反应，由大脑皮层以下的神经中枢参与即可完成，主要是为保护身体而发生的反应。

21 Quiz

火柴可以测脉搏吗？

· 心脏的搏动——脉搏 ·

脉搏为体表可触摸到的动脉搏动，是动脉随心脏的收缩和舒张而产生的有节律的搏动。脉搏在手腕和脖颈处感觉最明显，当活动量加大或受惊时，脉搏会迅速加快。年龄越大脉搏越慢，新生儿脉搏平均每分钟约 120~140 次，而健康成人每分钟约 60~70 次。

植物叶片散发的水蒸气

· 观察方法

1. 往两个烧瓶里分别加适量水。
2. 分别插入叶片多、叶片少的植物，再用透明塑料袋罩住，绑紧袋口。
3. 仔细观察塑料袋里的变化。

· 观察结果

烧瓶里的水在减少的同时，罩住植物的塑料袋里产生许多小水珠。

· 实验分析

从植物根部吸收的水分沿着茎上升，为植物茎叶提供养分，再通过叶片的气孔以水蒸气的形式散发到植物体外。就像这样，水分从活的植物体表面（主要是叶子）以水蒸气状态散发到大气中的过程称为蒸腾作用，而通过气孔的蒸腾叫作气孔蒸腾。温度越高，光线越强，蒸腾作用越活跃，此外，适宜的风和湿度也会加速蒸腾作用。实验时受灯光照射和吹风扇的植物，烧瓶内的水减少得更快，塑料袋里的水珠结得更多。

实验过程中偶然发现的条件反射

俄国生理学家巴普洛夫博士，在以狗为对象做消化方面的研究过程中，偶然发现了条件反射现象。他发现狗只要一看到食物就会流口水，于是以后每次给狗喂食时都会摇铃。如此反复一段时间之后，狗即使看不见食物只听见铃声也会流口水。也就是说，条件反射是后天获得的通过学习才会的反射，是后天学习、积累经验的反射活动。

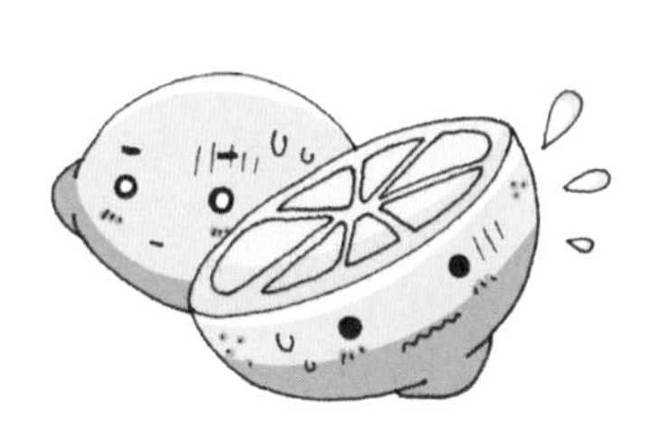

反之，无条件反射则是一种自然的生理现象，是动物或人在种系发展过程中，为适应环境而形成的随意的快速反应，是有机体本能、不学而能的反射。比方说，当人们联想酸酸的柠檬时，吃过酸柠檬有过类似经验的人嘴里立刻会反酸水，这就是条件反射，而吃柠檬的当时嘴里反酸水则是无条件反射。

实验与观察笔记

仔细地记录实验和观察过程，对预想结果和实验结果进行比较和评价，小朋友们将来也可能成为伟大的科学家哦。

实验笔记

实验目的	呼出的气体中含有二氧化碳。可以用肉眼直接观察到吗？
实验方法	二氧化碳具有能使澄清的石灰水变浑浊的性质，所以可利用石灰水进行实验。 ① 准备 2 个装有石灰水的三角烧杯。 ② 准备 2 个固定短玻璃导管和长玻璃导管的橡皮塞。 ③ 短玻璃导管不浸入石灰水里，长玻璃导管浸入石灰水里。 ④ 呼气时将橡胶导管连接到长玻璃导管上，吸气时将橡胶导管连接到短玻璃导管上。
所需材料	石灰水（氢氧化钙的水溶液）、三角烧杯 2 个、玻璃导管 4 根、橡胶管 2 根、橡皮塞 2 个。
预想结果	呼气时石灰水变浑浊。
实验结果	① 呼气时石灰水变浑浊，吸气时又变澄清。 ② 得出呼出的气体中含有二氧化碳的结论。
实验评价	呼出的气体中含有二氧化碳，从这点得出人体吸气时吸入氧气，排出二氧化碳。

① 明确实验目的。

② 决定怎样做实验。

③ 提前预想实验结果。

④ 认真记录实验结果。

⑤ 将自己的预想与实验结果进行比较。

观察笔记

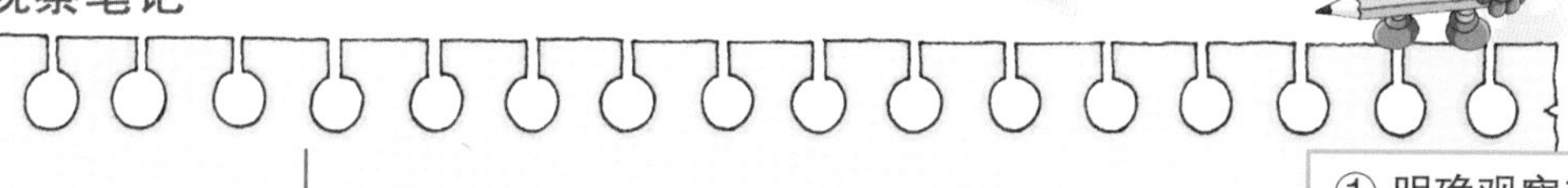

观察目的	观察半个月内月亮的形状和位置变化。
观察方法	① 从阴历 1 日至 15 日，每天在同一角度和地点，观察月亮的形状和位置。 ② 用指南针确定东南西北后进行观察。
所需材料	望远镜、指南针、照相机、观察日记
观察内容	① 阴历 1 日看不见月亮。 ② 阴历 2 日西边天空观察到小月牙儿。 ③ 月亮越来越大，同时从西边往东边移动。 ④ 阴历 15 日东边天空观察到满月。 
观察结果	① 月亮的形状呈周期性变化，从西往东移动。 ② 从小月牙儿到弦月至满月。

① 明确观察对象和观察目的。

② 决定怎样观察。

③ 在笔记上正确记录观察内容、绘图或粘贴照片。

④ 观察内容和结果应保持一致。

真的有UFO
和外星人吗？
尼斯湖水怪、外星人的出现、法老的诅咒……这些不可思议的事件《儿童百问百答·不可思议事件》将为你一一呈现。
即将推出，
敬请关注！
第32册